図解 眠れなくなるほど面白い

相対性理論

科学評論家
大宮信光

地表から
離れている物体は
速く進む
1
0.64
4/5 C
3
0
5
宇宙船の中と外の
時間経過は？
地球の絶対速度は
知ることはできない
Energy
mass
E=mc²
speed of light
equals

日本文芸社

はじめに

アインシュタインが相対性理論を生み出すまでには、さまざまな先人たちの叡智の積み重ねと、長い道のりがあった。古代ギリシアのアリスタルコスや16世紀のコペルニクスが説いた地動説はガリレイへと受け継がれ、その後ニュートンが、ガリレイの唱えた《慣性の法則》を整理した《ニュートンの運動の第一法則》をはじめとする、３つの《運動の法則》を基本原理としたニュートン力学を完成する。

やがて、ニュートン力学は科学的思考の基礎となり、時空を絶対視するその世界観は、産業革命における技術革新を行なう上で必須のものとなった。まさに、産業革命とそれに続く19世紀半ばから20世紀初頭までのパクス・ブリタニカは、ニュートン力学によって先取りされていた、といってもいいだろう。

だがその一方で、イギリスのファラデーが先鞭《せんべん》をつけ、マクスウェルが完成させた電磁気学の発展によって、ニュートン力学では説明できない現象が次々と発見される。電磁気現象ではニュートン力学が通用しないことが、オランダのローレンツによって明らかにされた。

現代の物質文明を支えるニュートン力学も、電磁気現象に対しては歯が立たない。それを何とかしようとして、さまざまな研究が行なわれ、結果、相対性理論と量子力学が生まれた。それは、現象の時間・空間的かつ因果的記述に対する制約を暴露し、時空概念の絶対性を奪《うば》い取った。ニュートン力学が生み出した近代の生産技術は、逆にニュートン力学を乗りこえる事実の存在を人間に示したのである。

特殊相対性理論が発表されたのは、１９０５年、時代はまさに、大英帝国が隆盛を極めた19世紀のパクス・ブリタニカから、20世紀のアメリカの時代、パクス・アメリカーナへの転換を象徴する大事件のひとつといえるだろう。

特殊相対性理論は量子力学と協力しながら、コンピュータや通信機器の内外で電子や電波の動きを基礎づけ、新幹線やジェット機などを支え、とくにエネルギーと質量の同等性（$E=mc^2$）が原水爆の誕生を促す。こうして特殊相対論は米ソ冷戦時代の裏方となる。

ところが、特殊相対論は2つの弱点を抱えていた。ひとつは、この理論が慣性系のみで適用され、それ以外の加速度のある座標系は使えないこと。もうひとつは、重力の問題が扱えないこと。そのためアインシュタインは、この2つの問題を解決する一般相対性理論を、第一次大戦中の1916年に発表する。

……と、相対性理論誕生までの概略をたどったところで、ここから先は本文をお読みいただくことにしよう。

たしかに、全宇宙の時空の神秘、エネルギーと質量の謎が宿《やど》った相対性理論は奥深く、簡単に全貌を納得できるはずのものではないことはご存知の通り。げんに多くの人が相対性理論の深い森に入ってつまずいてきた。

だが、その土台は、「相対性原理」と、「光速度不変の原理」という、たった2つの原理に支えられている。この2つの原理をしっかり押さえておけば、相対性理論はぐいっと突破しやすくなる。このことを念頭に、わからないところはゆっくり、時間をかけて考えながら読み進めていただければ、相対性理論が私たちの生活には欠かせないものだということがおわかりいただけるだろう。どうか最後まで、お楽しみいただきたい。

大宮 信光

Contents

第1章

相対性理論誕生以前の物理学

中世に別れを告げたガリレイの大発見

《慣性系》は必ず存在する

すべての物体が、外から力が作用していないときは等速度運動をする（＝物体が静止している場合もそうでない場合も、外力の作用がない限り同じ状態であり続けようとする）性質を**惰性**《だせい》とか**慣性**《かんせい》といい、「**すべての物体は慣性をもつ**」というルールを《**慣性の法則**》という。そしてこの《慣性の法則》こそ、ヨーロッパが中世に別れを告げた、ともいえるガリレオ・ガリレイによる大発見だったのです。あの大ニュートン（１６４２～１７２７年）も、慣性の法則をニュートン力学の第1法則として組み込んだ。

たとえば、馬車を思い出してください。馬が力を出して引き続けるからこそ、馬車は動き続ける。力を加え続けていてこそ、運動は続くとしたアリストテレス（紀元前３８４～３２２年）のおっしゃった通りなのさ、と中世ヨーロッパの知恵ある人々はみなそう考えていた。

ガリレイはコペルニクスの地動説を支持して、宗教裁判にかけられ、「**それでも地球が動いている**」と言った。天動説を信じる人が問うた。塔に登り石を落とす。地面に着くまで時間がかかる。その間に地球が動くなら、少しずれた位置に落ちるはず。だが、実際は真下に落ちているではないか、と。ガリレイは答える。動いている船のマストから物を落としてみたまえ。**船が動いていてもいなくても真下に落ちる**。石が真下に落ちるからといって、地球が動いていないとは言えない。だからといって、地球が動いているとも言えないが、外の小舟から見るならば、石の落下は異なって見える。その考察がガリレイの相対性原理を導き出す。地動説はニュートンが慣性を定式化するなどして広く認められるようになる。

ニュートンの運動の
- 第一法則　等速度運動 ← 外力を受けない
- 第二法則　加速度運動 ← 外力を受ける（F=ma）
- 第三法則　宇宙のすべての力はペアで作用する（作用、反作用として）

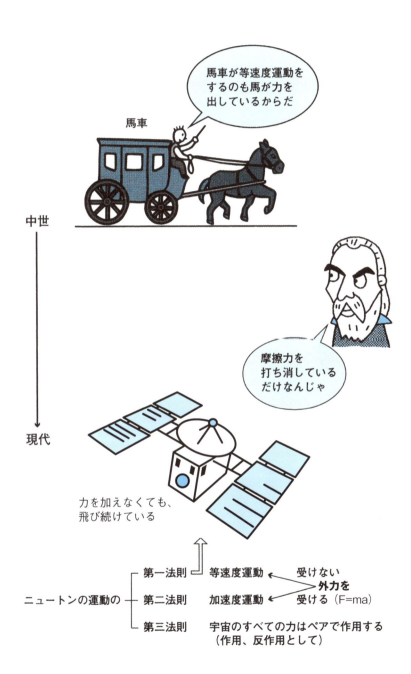

ガリレイの相対性理論って？

アインシュタインの相対性原理への布石となる

ガリレイが今に生きていたら、マストに登るなんてことは提案しなかったろう。電車に乗って座席にすわり、電車が等速度で動いているとき、キーホルダーでも持ち上げて、手から離してみたまえ。真下に落ちる。電車が停まっているときも、もちろん真下に落ちる。慣性の法則、すなわちニュートンの運動の第1法則が適用する。物が自由落下するとき、重力が働き続け、等加速度運動をすることをガリレイが実験で確かめた。それを普遍化したのがニュートンの運動の第2法則にほかならない。

一方、電車の外の地面に立っている人から見ると、言いかえればその人を基準にすると左図でわかるように放物運動をする。ガリレイはその放物運動を鉛直方向と水平方向に分解した。鉛直方向には電車内の座標系を基準とした場合と同様に、運動の第2法則が適用される。水平方向には、物体が離すか否かのその瞬間、電車が水平に走る勢いが物体に乗り移って、物体も電車と共に水平に動き出す。いったん動き出すと、そのまま動き続け、電車と同じ速さで等速度運動（＝等速直線運動）をする。慣性の法則が成り立ち、ニュートンの第1法則が適用する。

こうして「**お互いに相対して一定の速さで動く座系から物体の運動を見ると、同じ運動の法則が両方の座標系に適用できる**」という**ガリレイの相対性原理**が導き出され、アインシュタインの相対性の原理の布石となる。

次に、もうひとつの原理、光速度不変の原理が生み出されていく事情を見てみよう。

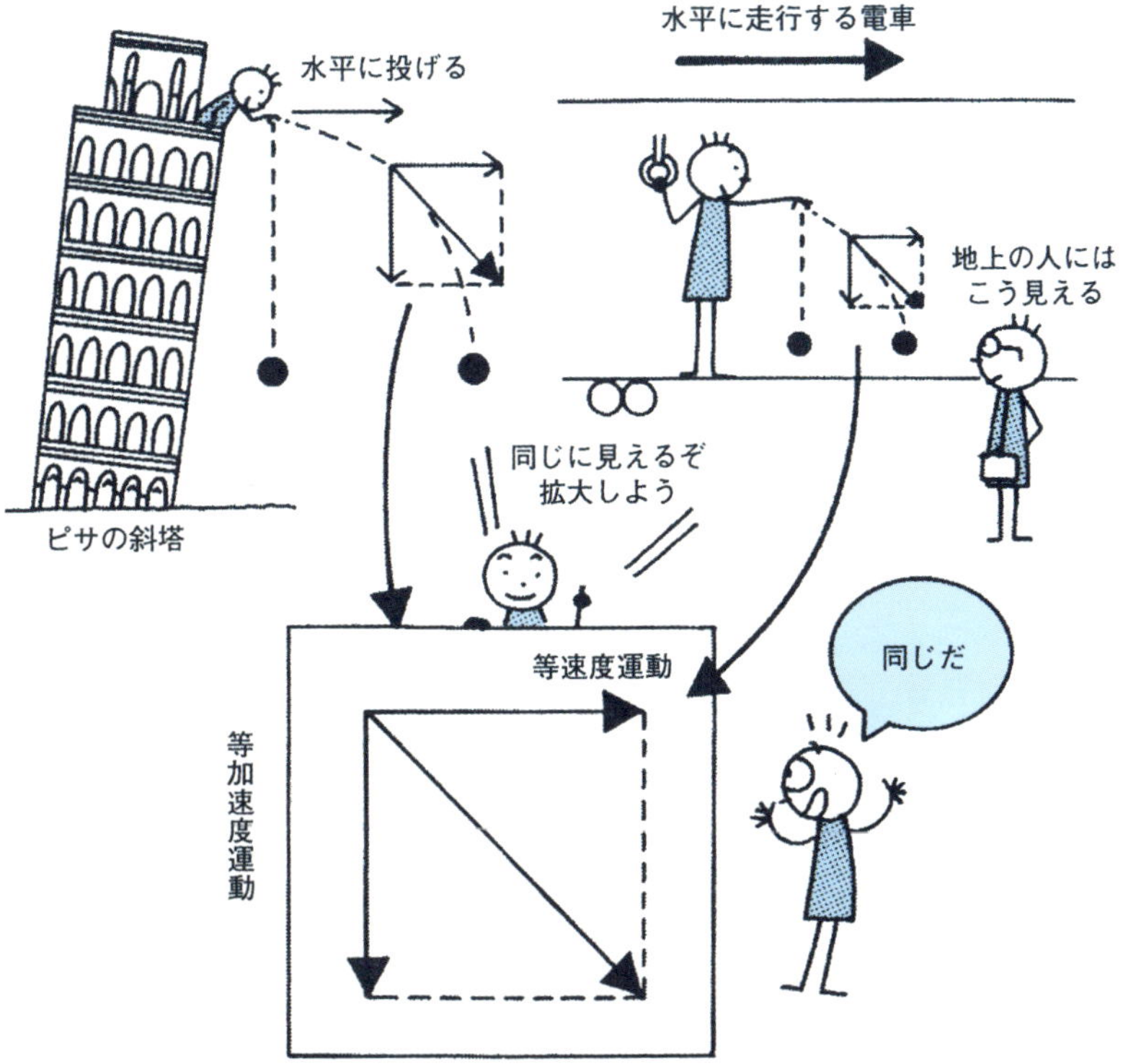
水平に投げる
ピサの斜塔
水平に走行する電車
地上の人には
こう見える
同じに見えるぞ
拡大しよう
等速度運動
等加速度運動
同じだ

等速度運動
STONE
それを慣性の法則
っていうんだ
いまのままでいたいよー
Z
ふぁ〜
STONE

重力も光もエーテルで伝わる？

光の正体には2つの説があった

物を動かそうとするには、手でさわって力を加えなければいけない。ボールをバットで打つにはボールとバットが接触しなければならない。ストーブのそばで触れずに立っていても温かく感じるのは、ストーブからの熱線が皮膚にあたっているため。このように接触して伝達される作用を、**近接作用**という。

しかし、りんごが地面に落ちるように、月が落ち続けているから地球を回っているが、月と地球は接触していない。**地球が月を引っ張る重力（万有引力）は近接作用ではなく、**遠隔作用だとニュートンは考えた。

でも、とニュートンと同時代に生きた、オランダのホイヘンス（1629～1695年）は考えた。大部分の作用が近接作用であるのに、重力だ

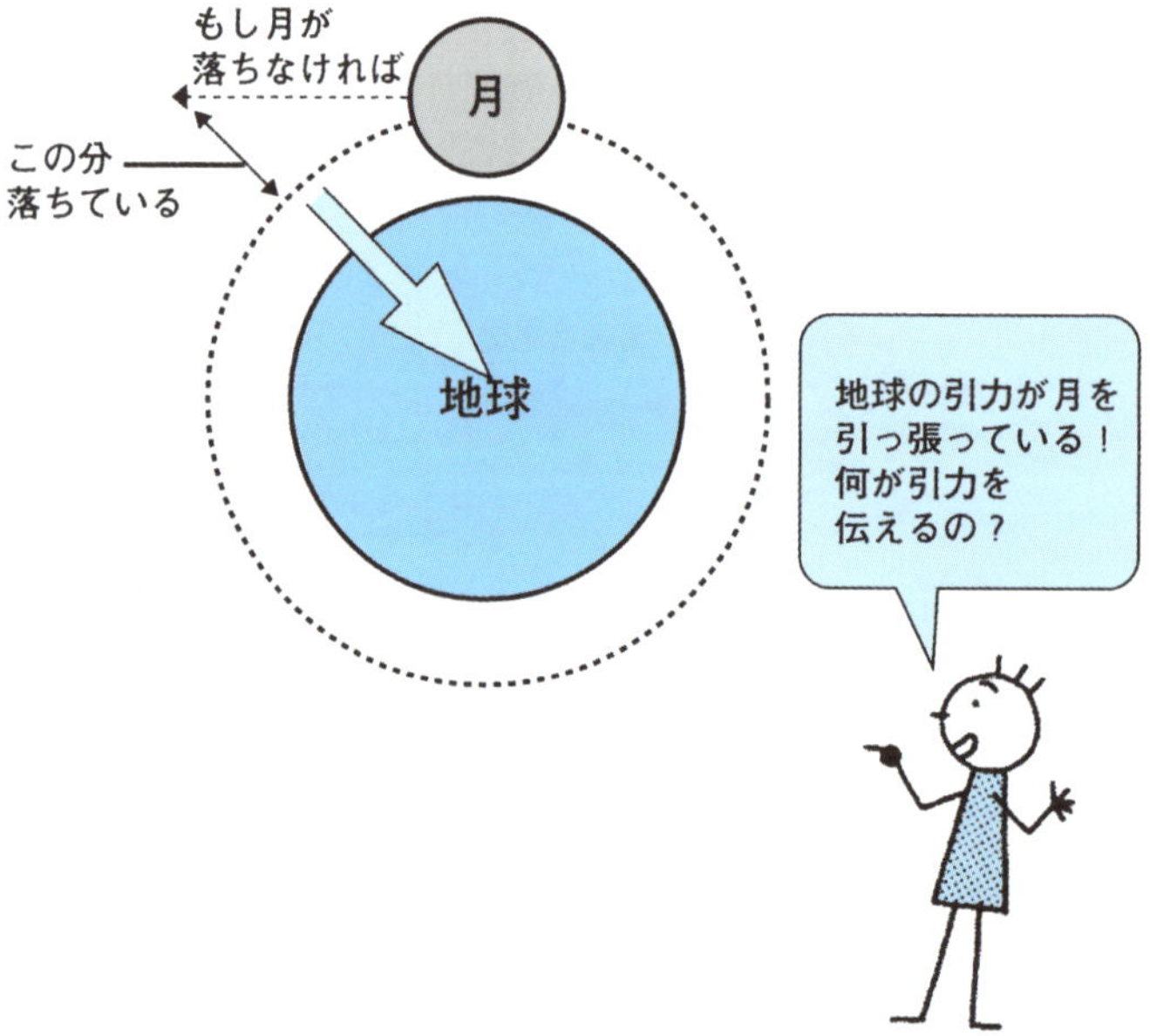

けが例外というのはおかしい。「**エーテル**」と名づけた仮想的な媒質が宇宙全体どこにでも存在している。

音が空気を媒体に伝わるように、万有引力もエーテルを媒体に遠くまで伝わる。つまり、万有引力も近接作用に入れてしまった。

その後、電磁気現象の実験が進むと、その現象もエーテルという物質の弾性によると考える人々が現れた。光も、エーテルの波動だとする学説も現れた。

光の正体については2つの説があった。光の**粒子説**と光の**波動説**である。19世紀に光の波動説が有力になると、光が波動によって伝わるのであれば、波動をになう媒質がなくてはならない。それがエーテルだとされたのだ。

このエーテル説は、物理学者の誰もが信じてやまない信念と化した。**それを最終的に打ち砕く大革命を起こしたのがアインシュタインだった。**

ニュートン
ホイヘンス
納得できんなぁ。伝えるモノがあるんじゃないの
遠隔のまま力はパッと伝わることができるのじゃ
イギリス
(遠隔支配のパクス・ブリタニカ)
オランダ
(あくまで即物的に考えるオランダ人)

光は電気と磁気を統一するシンボル

電磁気現象のすべてを決着させたマクスウェルの方程式

英国の実験の名手ファラデー（1791〜1867年）は、サングラスに用いられている偏光《へんこう》ガラスを使用して、1847年、画期的な実験をした。左頁図③のように、光を偏光ガラスに通すと、特定の方向にのみ振動する光を取り出せる。この光をもう一度、偏光ガラスにあてると、ちょうど偏光の方向と偏光ガラスの透過方向が一致すれば透過し、そうでなければまったく透過できない。ということは、光は進行方向に対し、垂直な面で振動する横波（図①）にほかならない。ファラデーは、偏光ガラスで一度偏光した光を磁場の中に通してみた。すると、偏光の方向が磁場によって回転させられることを見つけたのだ。ということは、光が磁場と反応することを示していて、光自体が電磁場の振動である可能性を示唆する。

それから約10年後、ドイツのアンペール（1775〜1836年―今日、「アンペア」の単位に名を残している）がある量の電荷を磁場の中に置いた電線に流し、電流要素の速度を測る実験をした。すると、秒速30万kmという値が出た。光速の値と同じではないか！　そして1865年、マクスウェルが、たった5本の方程式によってあらゆる電磁気現象が完全に記述されるという、驚くべき論文を発表した。マクスウェルはこの結果に到達するのに、エーテルの具体的な運動をイメージして、それに依拠《いきょ》したが、ナント！　彼の導いた方程式の中にはどこにもエーテルは顔を見せなかった。

電荷も電流も何もない真空において、電場と磁場は片方の変化がもう一方の変化を誘導する、という形で光速度をもった横波として伝わっていくということを明瞭に示した。

図① 横波って？
(粒子は波の伝わる方向に垂直に振動する)

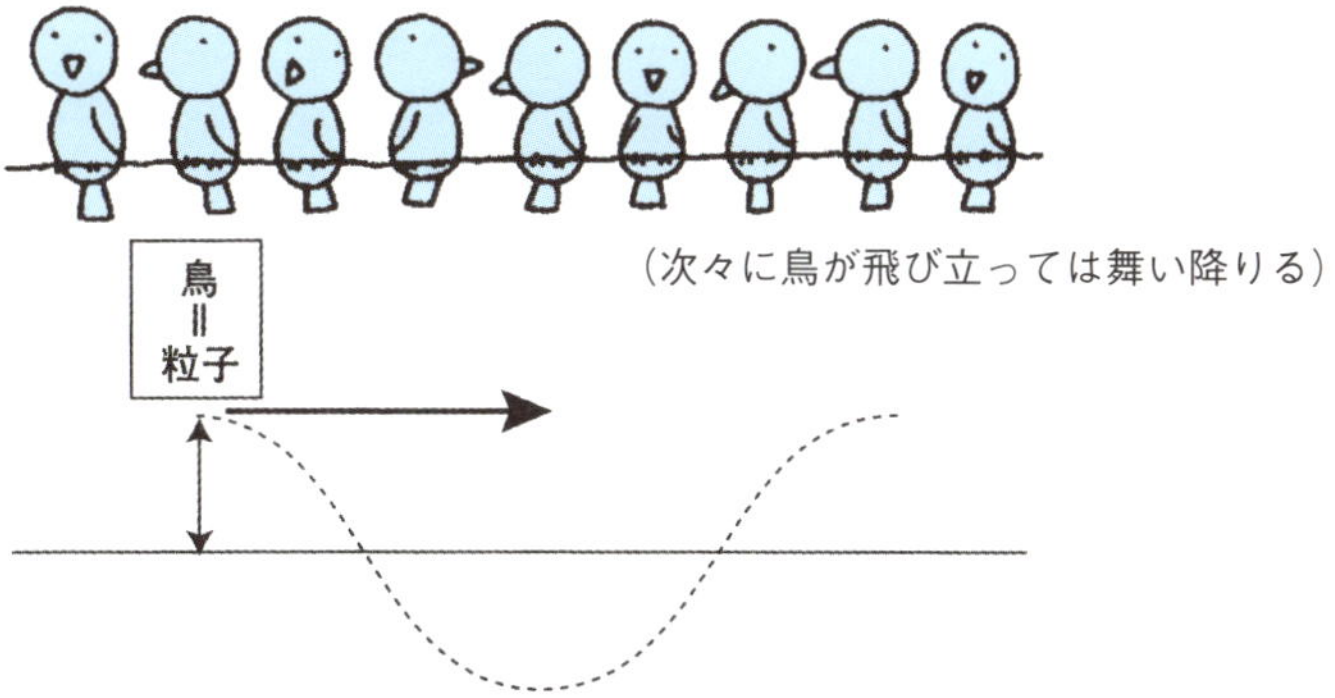
鳥
＝
粒子
(次々に鳥が飛び立っては舞い降りる)

図② 縦波って？
(粒子は波の伝わる方向に平行に振動する)

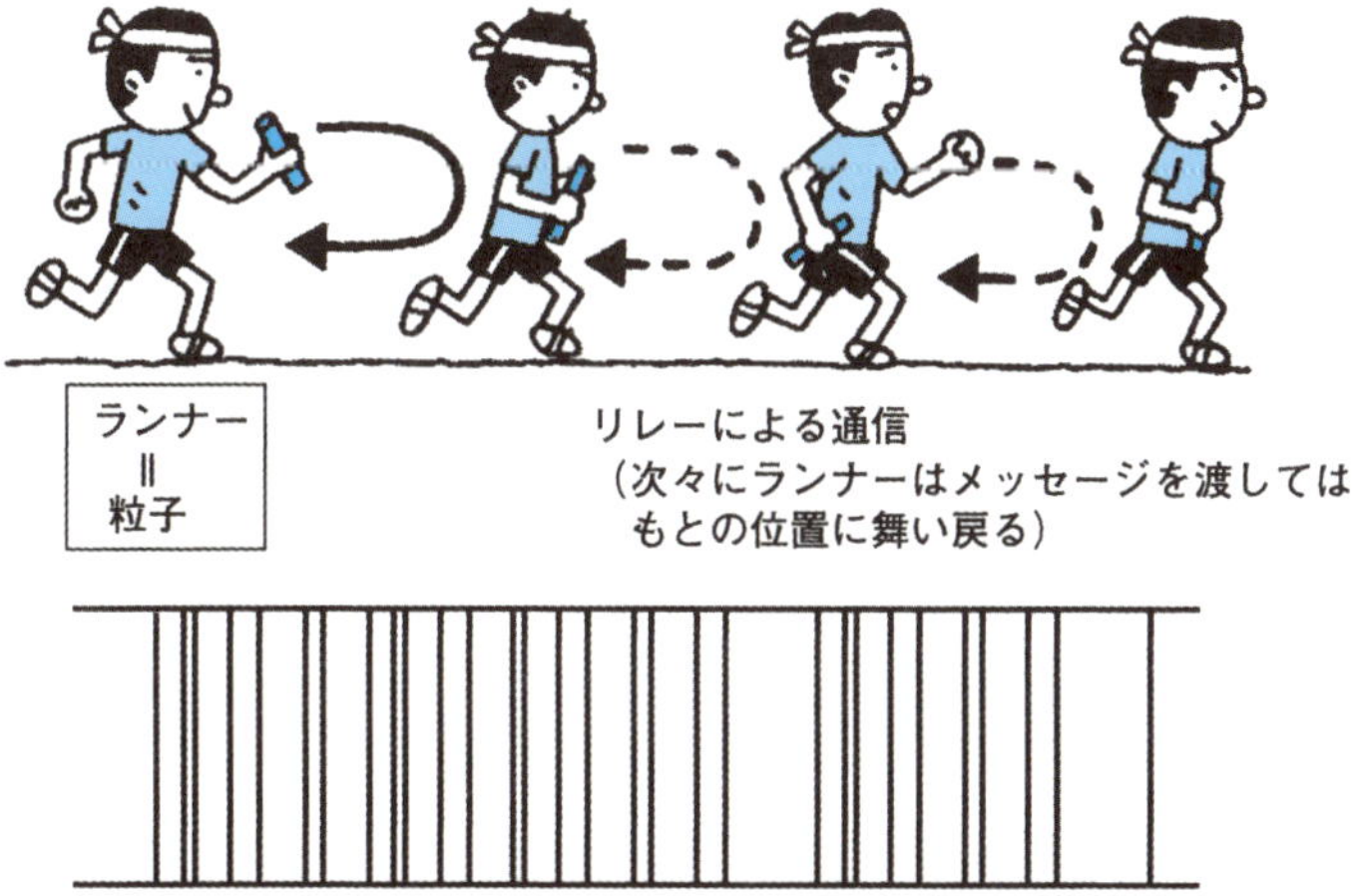
ランナー
＝
粒子
リレーによる通信
(次々にランナーはメッセージを渡してはもとの位置に舞い戻る)

図③ ファラデーによる光の偏光実験

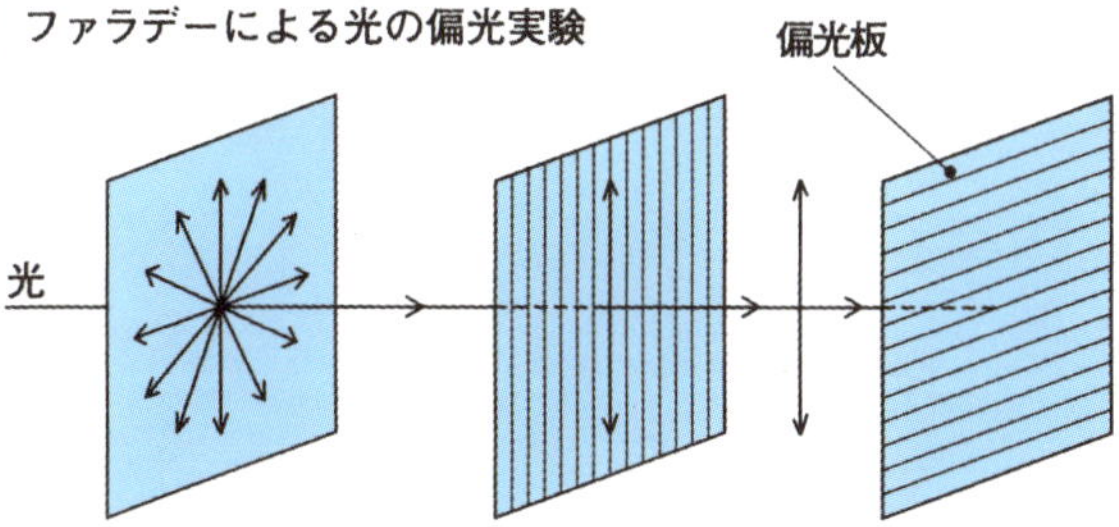
偏光板
光

地球の絶対速度の求め方

鏡を使って求めた速度

電気力や磁気力、あるいは電磁波の一種の光は目には見えないが、伝える物質はあるはずだ。19世紀のヨーロッパ人はそれをエーテルと名づけ、この宇宙のありとあらゆるところはエーテルの海で満たされ、光や電磁気力、そして重力がこのエーテルの海を伝わっていく、とイメージした。そして、地球は太陽のまわりを運動しながら、エーテルの海原を運行している、と考えて、地球の絶対速度を求めようとした【求め方1】。

それとは別の【求め方2】も考案された。エーテルに対する地球の絶対速度をVとする。すると地球上のある観測者Aにとって、反対向きにVの速さでエーテルの風が吹く（図①）。

まず鏡BをいつもAからの距離Lに置く。Aから光を発すると、ちょうどBで反射してふたたびAに返ってくるように、光線に対し直角に置く。

この鏡BをAから地球の縦の方向に、つまり線分ABが地平に平行になるように置く。するとエーテルの風の方向に、つまりエーテルに対する地球の運動速度とは逆向きに置かれたことになる。Aから出た光は、エーテルの風に乗って、C+Vの速度でBに向かい、鏡に反射され、今度はエーテルの風に逆らって、C−Vの速度でAに返る。AB間の距離がLなので、往きと還りに要する時間は、

$$\frac{距離}{速度}=時間で、$$

$$T_1=\frac{L}{C+V}+\frac{L}{C-V}$$

$$=\frac{2CL}{C^2-V^2}$$

となる。

今度は、鏡Bを地球の横の方向に、つまり線分

ＡＢが地平に垂直にくるようにすると（図②）、ボートで川の向こう岸へ漕ぐのと同じで、速度は３平方の定理により、

$$\sqrt{C^2-V^2}$$

となる。

光がＡ↓Ｂ↓Ａという運動をする時間は、

$$T_2=\frac{2L}{\sqrt{C^2-V^2}}$$

となる。したがって、

$$T_2:T_1=\frac{2L}{\sqrt{C^2-V^2}}:\frac{2CL}{C^2-V^2}$$

$$=1:\frac{C}{\sqrt{C^2-V^2}}=1:\frac{1}{K}$$

$$K=\sqrt{1-\left(\frac{V}{C}\right)^2}$$

この式では、Ｖが０でない限り、ｋが１とはならず、地球の絶対速度Ｖが求められるはずである。

【求め方 1】

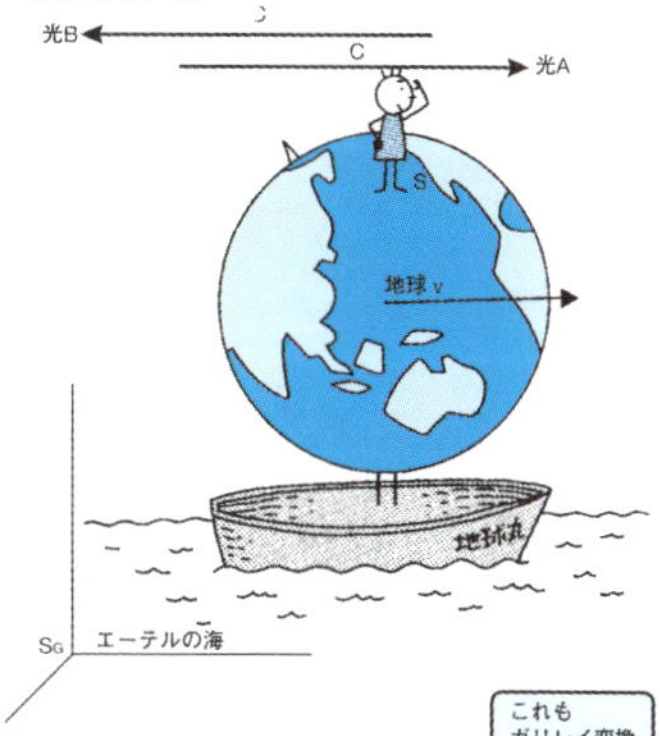

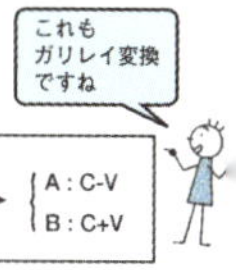

地球上の観測者にとって光の速さは光の進行方向によって異なるハズ → A : C-V ／ B : C+V

→これを逆用し、さまざまな方向に進む光の速さを実測して、

（光の速さが最小になる方向が、地球の走る方向
最大の速さと最小の速さの差は、Vの2倍）⇒ 2で割りさえすれ
地球の絶対速度が
求まる！

なぜなら
C+V←……最大
C-V←……最小 ｝差
2V

【求め方 2】

図① エーテルの図

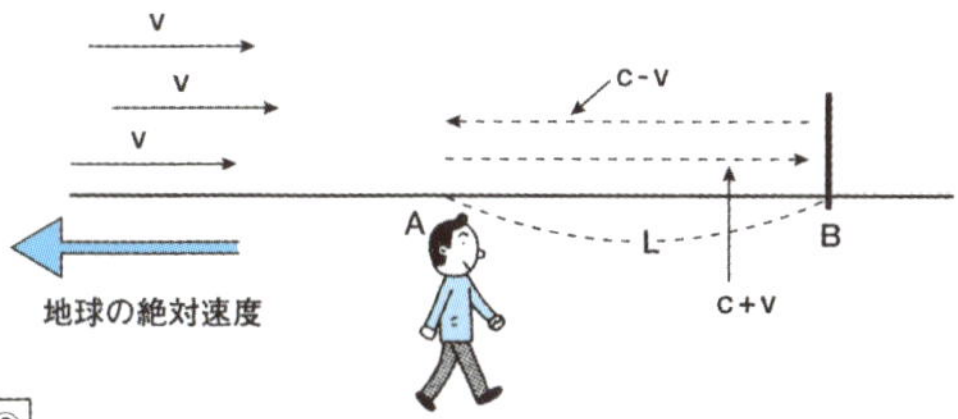

図②

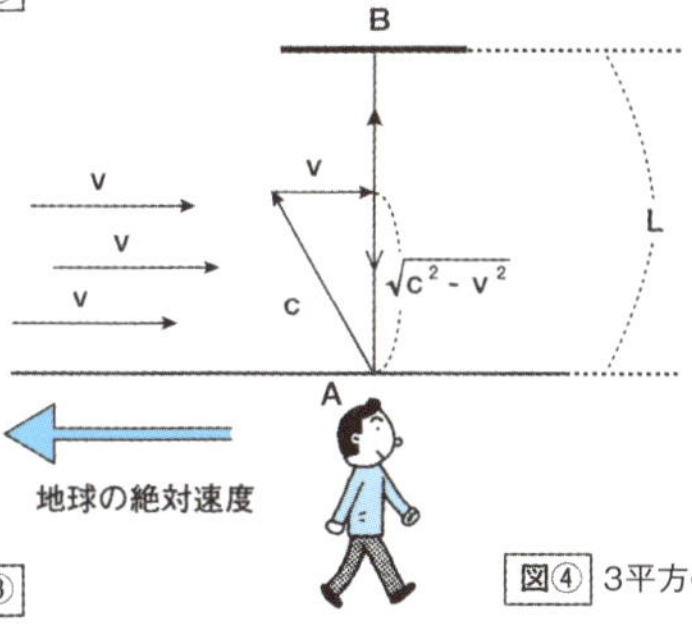

図③

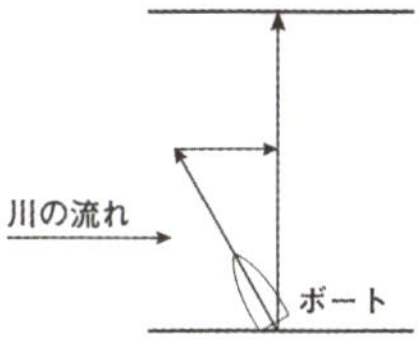

図④ 3平方の定理

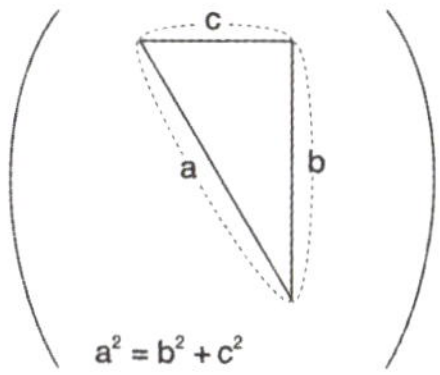

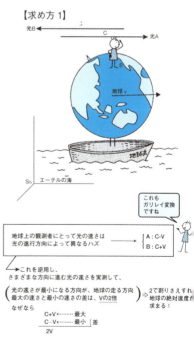

20世紀初頭、物理学を覆った暗雲

マイケルソン・モーリーの実験

アメリカのマイケルソンは、海軍兵学校に学んだ。卒業後、2年間軍艦に乗り、下船後、母校の講師となり、物理や化学の講義をした。その間1877年頃から光の測定を始めた。1880年にヨーロッパに留学し、ドイツのヘルムホルツの研究所で光による地球の絶対運動Vを測定する予備実験を始めた。〝宇宙船地球丸〟の絶対速度に興味をもったのは、軍艦勤務が一因かもしれない。

アメリカに帰ると、モーリーという協力者が現れ、電話機の発明者アレクサンダー・ベル（1847～1922年）による財政的支援も得て、本格的な実験に乗り出した。なにしろ、幅11mもの水銀槽に浮かべた木の円板の上に重い石材を積み重ね、その上で実験をした。なんとねぇ！

実験の基本的な考えは、前頁で解説した。前ページの図①と図②をドッキングした、左図の図①が実験の原理である。

実際の実験装置を上から見ると、図②のようなもので、Aには半透明な鏡を置き、入射と反射の両方ができる。マイケルソンの設計した干渉計が実験のみそ。光源Cに発した光がB_1とB_2の鏡で反射し、干渉計で干渉縞《かんしょうじま》をつくることで、前項で述べた$T_2:T_1$を知ることができ、Vが求められるはずであった。

ところが、いくら実験を精密にし、繰り返しても、干渉縞の明暗の変化は起きず、Vは求められなかったのである！ **もしかすると、エーテルはまったく存在しないかもしれない**。この問題はこうして20世紀初頭の物理学の暗雲のひとつと化したのである。

図①

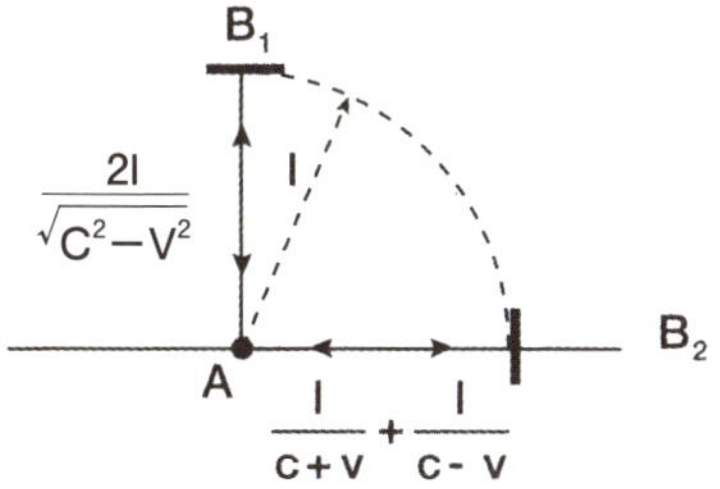

図②

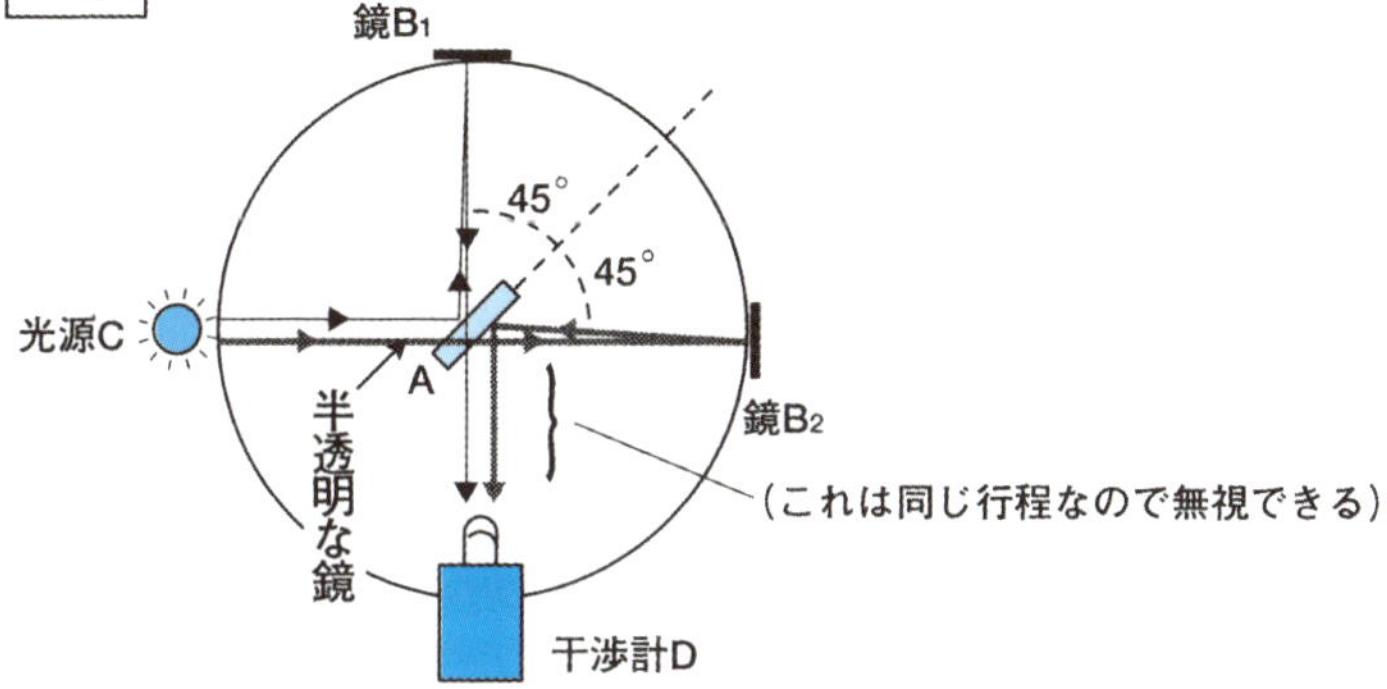

干渉とは…… 2つの波が重なるとき、波の山と山、谷と谷とが重なれば 2つの波は助けあって強い波となり、山と谷が重なると両方の波は打ち消しあい、弱い波となる

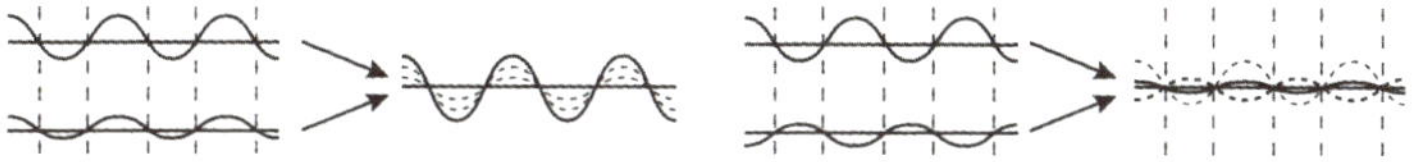

ニュートン力学の破綻

エーテルはいずこに……

地球の絶対速度が検出されず、いったいどうしたことかと、さまざまな試みがなされた。その中でもっとも有名なのが、「**すべての物体は速さVで走ると、運動方向の長さは静止時の長さのk倍になる。kは1より小さい。**」という、オランダのローレンツによる**収縮仮説**である。しかし、この仮説にもただちに疑問が生じた。物体はなぜ走るとその運動方向にだけ縮むのか。しかも縮む割合が、物体の種類が何であれ同じ割合のkであるのはなぜか。ローレンツは、物質が多数の原子からできていることに目をつけ、答えを見つけようと試みたが、そうすると次々新しい無理な仮定が積み重なって、誰でも納得できる説明が提出されなかった。

そうなると、エーテルなんてないのではないかという声が上がった。しかし、ニュートン力学で光の波動説をとれば、波動を伝える媒質、すなわちエーテルを必要とする。そのエーテルがないとなると、光が伝わるわけがニュートン力学では理解できない。そこに大きな矛盾が発生する。

一方、エーテルがあるとすると、静止した座標系と動いている系とでは、光の速さも異なってくる。そうなると、すべての座標系が対等でなくなり、相対的に同じでなくなる。エーテルに静止している座標軸が特別な位置をしめ、これは動いている、あれは動いていないということを絶対的にいえることになる。つまり、エーテルが存在すると、光についてはガリレイの相対性原理が成立しない。エーテルがないと困る、あっても困る。ニュートン力学が限界にぶつかり、破綻した場面にほかならなかった。

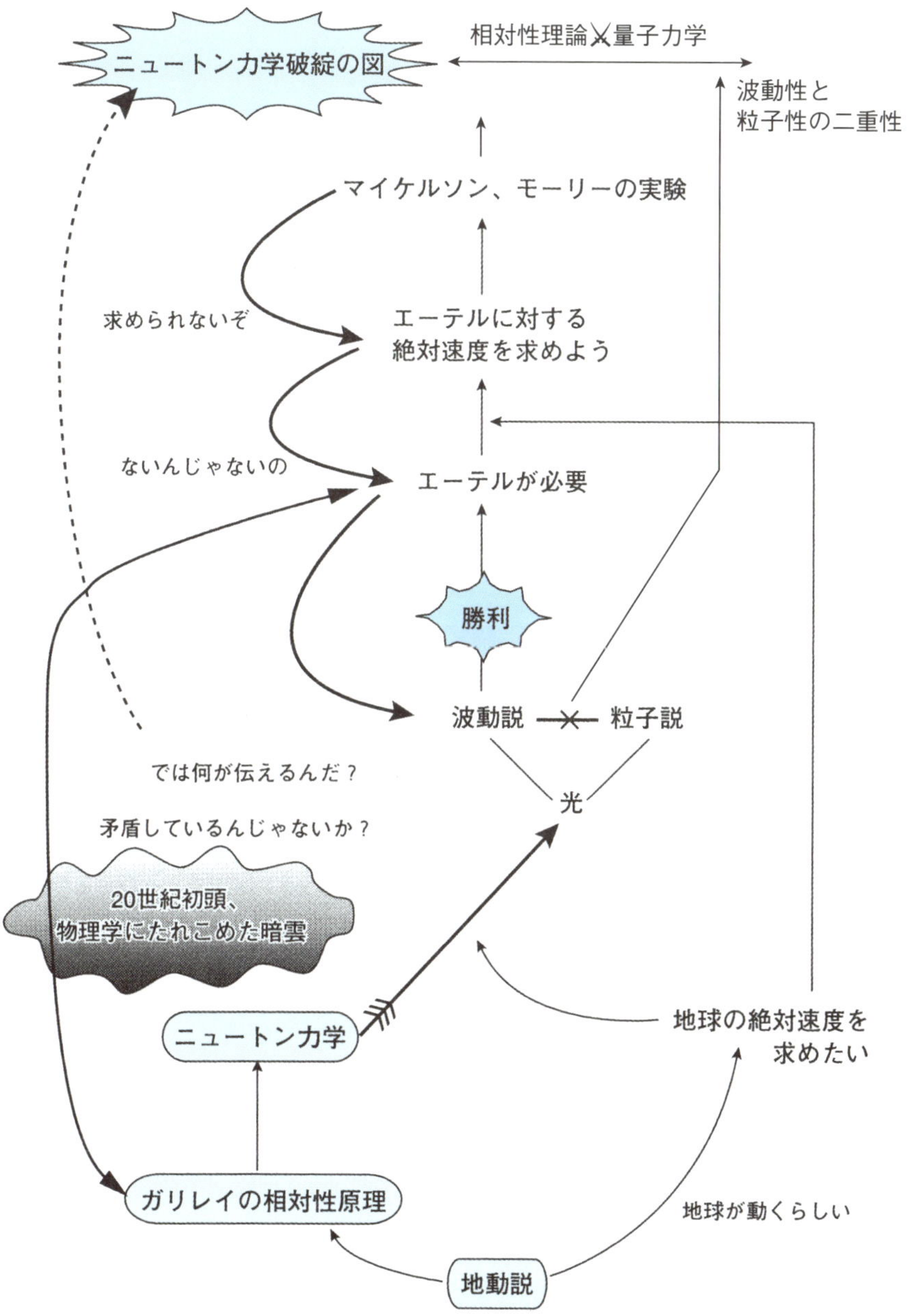
ニュートン力学破綻の図
相対性理論✕量子力学
波動性と
粒子性の二重性
マイケルソン、モーリーの実験
求められないぞ
エーテルに対する
絶対速度を求めよう
ないんじゃないの
エーテルが必要
勝利
波動説
粒子説
光
では何が伝えるんだ？
矛盾しているんじゃないか？
20世紀初頭、
物理学にたれこめた暗雲
ニュートン力学
地球の絶対速度を
求めたい
ガリレイの相対性原理
地球が動くらしい
地動説

特殊相対性理論、誕生前夜

電磁気学とニュートン力学との矛盾に気づく

19世紀後半、ニュートン力学は隆々《りゅうりゅう》たる成功を収め、あとから出てきた電磁気学はその支配下にあってしかるべきだと考えられた。電磁気学のほうはマクスウェルによって理論がつくられ、現在も完全にそのまま用いられている。実用上もなんの欠点もなかった。電磁気学はニュートン力学とバラバラのまま放っておかれてもよかった。だが物理学者たちは深く統一を求めた。

その結果、ニュートン力学は光で破綻《はたん》した。それだけでなく、光は電磁気学が解明した現象のうちのある特殊なひとつでしかないともいえるので、ほかのいろいろな電磁気現象のすべてで破綻した。

固体や液体の中での電気や磁気のいろいろな現象、たとえば電気抵抗、磁化率、光の屈折率などを物体の中の電子の運動によって理解する試《こころ》みが、ローレンツによって成功していた。ローレンツはさらに進めて、運動物体での電磁気学の研究を進めて、ニュートン力学との矛盾に突きあたったのだった。

ローレンツやフランスのポアンカレといった世界的に著名な学者らが、最終的な解決策を見いだせなかったこの矛盾に、まだ無名だったアインシュタインがついにその解答を見いだすことになる。

アインシュタインが特殊相対性理論を発表する前にすでに、実は電磁気学は完全に相対論的な理論として存在していた。ただそうだとはマクスウェル自身も含めて誰も気づかなかった。電磁気学とニュートン力学との矛盾に着目することによってはじめて、相対性理論は発見されたのだ。物理学者たちがこの2つの統一を求めなかったならば、相対性理論は決して生まれなかったともいえる。

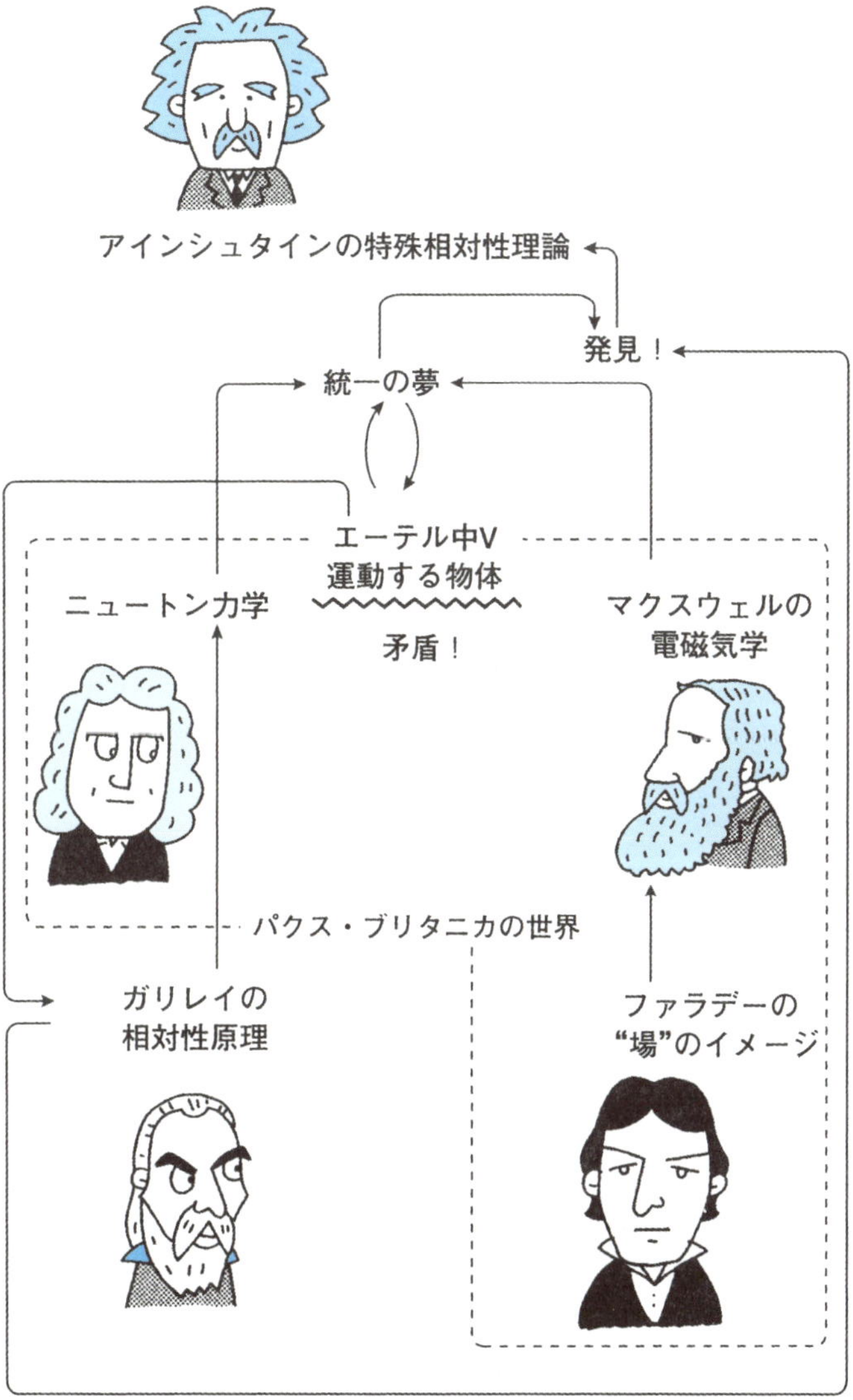

（ニュートンもファラデーもマクスウェルも
パクス・ブリタニカの中枢をになうイギリス人である）

column 1

アインシュタインの生涯①　～19世紀のドイツに生まれた意味～

アルバート・アインシュタインは、1879年、南ドイツのスイス国境に隣接するシュワーベン地方のウルム市に生まれた。父も母も、この地方に長く住む、ユダヤ人の子孫。

アルバートの父ヘルマンは、従兄弟の羽毛ベッドの会社に共同経営者として参画していたが、アルバートが1歳のとき、事業は失敗。一家はミュンヘンに引っ越した。ヘルマンは郊外に発電機、電気機器、アーク燈などを製作したり、配管や電気工事を請け負ったりする会社を弟のヤコブとともに設立し、ヘルマンが営業、ヤコブが技術部門を担当した。世はまさしく電気の時代。アルバートは叔父ヤコブに強く影響され、電気に関心をもつようになった。

1871年、ドイツのヘルムホルツがマクスウェルの論文を徹底的に検討し、弟子のなかでももっとも優秀なヘルツに実験させ、検証しようとした。ヘルツは、1886年になってようやく、電磁波が光速で伝わることを示した。その4年前、幼いアルバートは父に与えられた磁気コンパスに魅了されている。こうして彼の心の針は電磁波へと向かう。

アインシュタインは7歳でカトリック系の小学校に入学。その一方で、親戚からユダヤ教を教えられる。彼はユダヤ教に熱中し、11歳のころには神を称える唄を作曲し、町中で歌うまでになる。だが12歳のとき、アインシュタインは宗教から科学へと転心する。南ドイツのユダヤ人には、毎週木曜日、貧しいユダヤ人を夕食に招く習慣があった。アインシュタイン家に招かれたのが、医学生マックス・タルメイであった。彼が持ってきた科学入門書を読みふけり、『聖書』の大半が真実でないと結論するに到った。アインシュタインは後年ユダヤ教を昇華した、汎神論《はんしんろん》的科学教を掲げる、いわば宇宙人へ脱皮する。

第2章

特殊相対性理論の世界

アインシュタイン、16歳の夢

光と同じ速さで光を追いかけたらどう見えるのか

少年アインシュタインは、学校の勉強とは別に物理や科学全般についての本を読み、考える癖を身につけていた。16歳の頃、電気や磁気の法則について詳しく学び、光が電波と同じ種類の一種の波であることを知った。そんなある日、「もし光を光と同じ速さで追いかけたらどう見えるだろうか」という疑問をもった。それにしても、こういう疑問をもったこと自体やはりすごい！　が、もっとエラいのは、それから10年間考え続け、ついに答えを見つけて、**特殊相対性理論**を編み出したことである。などといわれるが、ずーっとそればかり考えたわけではあるまい。恋をし、結婚をし、特許庁にも勤めた。その合間、合間に、ふと思い出し、このテーマにこだわり続けたのではなかろうか。

さて、その答えだが、今でいうと、ヘリコプターに乗り、海岸に押し寄せる波の速さと同じ速さで追いかける。すると、波が止まって見える。同様に、光を光と同じ速さで追いかけたら、光という波動も止まって見えるはずだが、16歳のときまでに学んだ電気や磁気の法則で考える限り、そんな現象はあり得そうにないように思えるのだ。

彼が10年後に出した結論は、「**光を追いかけることは絶対に不可能である**」というものだった。たとえば物質でできたロケットにいくらエネルギーを注ぎこんでも、光速には到達し得ない。これをきちんと証明するのが、特殊相対性理論のうち、$E=mc^2$のテーマである（後述）。つまりは、情報だけでなく、物質やエネルギーも伝わり、動く速さに最大限界があり、それは光速Cにほかならない。

16歳の少年の夢は、
ニュートンが発明した絶対時間・絶対空間を覆し、
パクス・ブリタニカを揺るがす一翼を担う

神様が現実をすべて"神聖カメラ"で写しフィルムのコマを一枚一枚切り離し、マウントの整理ボックスの中に時間の順番通りに並べる。

このとき整理ボックスの横軸が絶対時間である。

現実の空間は3次元だが、このモデルではx,yの2次元からなる絶対空間の軸で表す。

フィルムの一枚一枚に見える粒は原子にあたる。

我々を含めて物質は、原子の離合集散する姿である

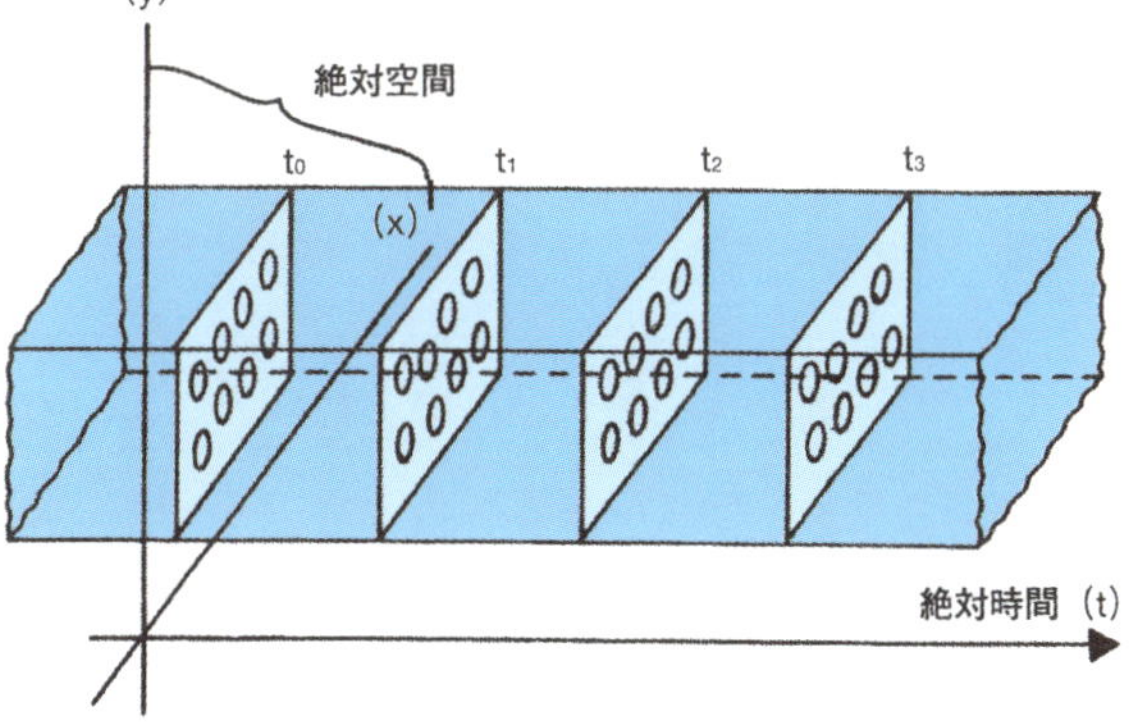

アインシュタインの三段跳び

アインシュタイン版相対性原理の産声

光の速度を測って、地球がエーテルに対して、いい換えれば全宇宙の重心に対して、どのくらい絶対速度を有しているかを知ろうとするマイケルソン・モーリーの実験は失敗に帰した。ほかの学者たちの実験もことごとく失敗し、失敗したわけを説明する試みに成功した者も、誰ひとりいなかった。

それに対して、アインシュタインはまったく逆に考えた。実験を失敗とは考えず、実験結果をそのまま素直に受け入れた。実験は、全宇宙の重心に対して一定の速さで走っている**地球の上でいくら光学的な実験をしても地球の絶対速度は知ることができない**のだということを示しているのだ、と。そう。たったそれだけのことが、アインシュタインにとって、そして人類にとって大いなる第一歩となったのだ。

アインシュタインは、さらに一歩を進めた。地球はごく短い時間をとれば、ひとつの慣性系ととれる。しかし、実は地球は自転し、太陽のまわりを公転し、太陽系を含む銀河系も回転している。刻々と、別々の慣性系に移り変わっている。その地球で光学実験を繰り返しても、同じ結果が出る。ということは、どんな慣性系を基準にしても、光学の法則はまったく同じであるし、基準にとった慣性系の全宇宙の重心に対する速さは光学の法則によって知ることができない。

今いった「光学」を全部「力学」に置き換えると、ガリレイの相対性原理に戻る。アインシュタインはここで、話をぐいと広げた。「**どんな慣性系を基準にとっても、すべての物理法則はまったく同じに通用する**」を原理としたのだ。有名な、アインシュタインの相対性原理がここに産声《うぶごえ》をあげたのだ。

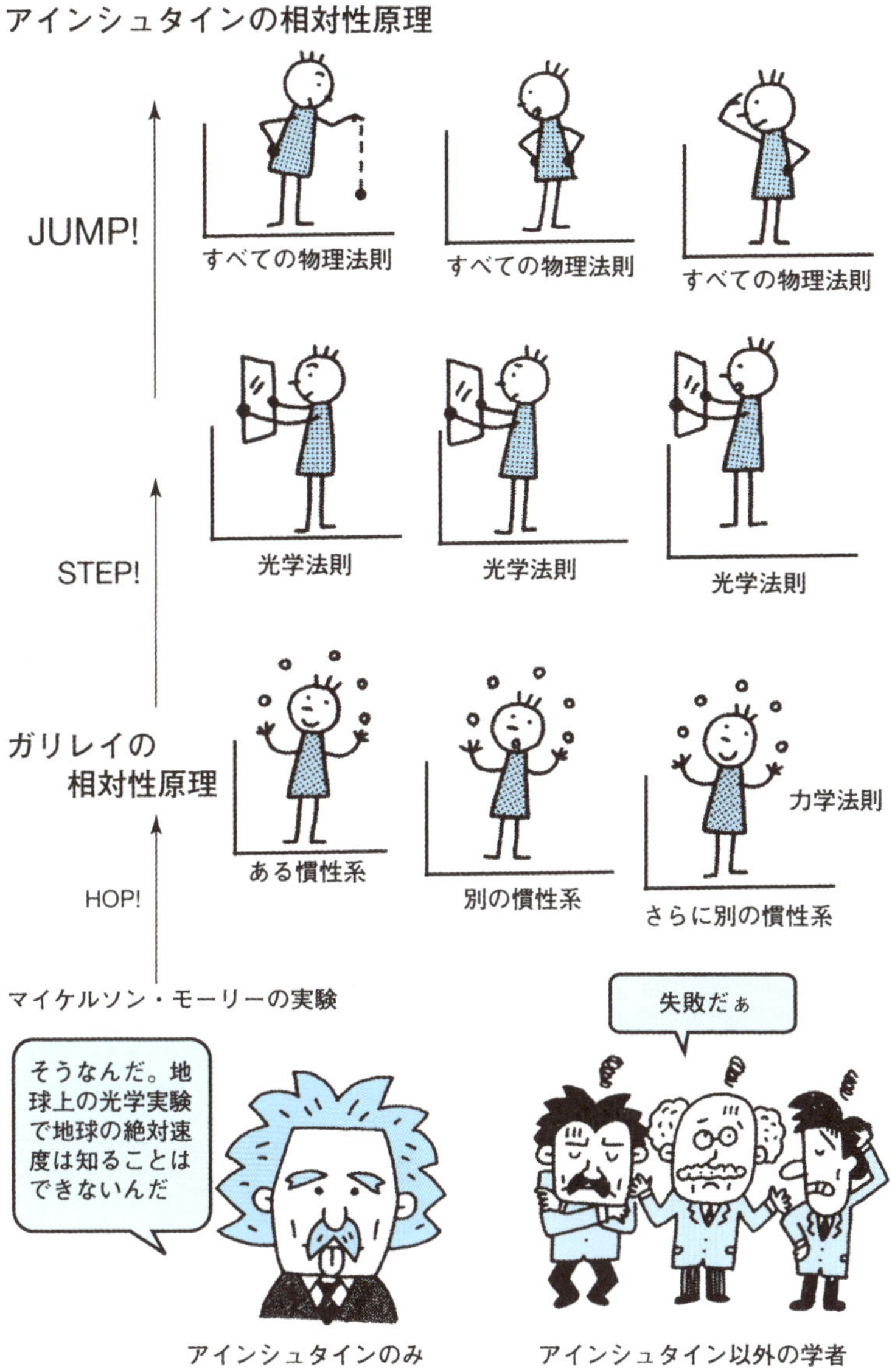
アインシュタインの相対性原理
JUMP!
すべての物理法則
すべての物理法則
すべての物理法則
STEP!
光学法則
光学法則
光学法則
ガリレイの
相対性原理
力学法則
ある慣性系
別の慣性系
さらに別の慣性系
HOP!
マイケルソン・モーリーの実験
そうなんだ。地球上の光学実験で地球の絶対速度は知ることはできないんだ
失敗だぁ
アインシュタインのみ
アインシュタイン以外の学者

全宇宙で通用する物理法則

「原理」にしたアインシュタインのすごさ

前項に目を通した方は、〈ホップ！〉は今となっては当たり前というか、なぜアインシュタインのみがなし得たのか不思議だと思うだろう。〈ステップ！〉も、ガリレイの相対性原理を知っている者にとっては、まあトーゼン。しかし、〈ジャンプ！〉はいき過ぎ、話の広げ過ぎだと思いませんでしたか？

だって、いくら力学や光学、そして光学を含む電磁気学でいえたことだからといって、それをいきなり、すべての物理法則に話をひろげて、いーもんだろうかってね。

そう。そこがアインシュタインのすごいトコなんです。疑いを封じるかのように、相対性原理としてしまった。「原理」なら証明する必要がありませんからね。要は原理の上に構築される理論が検証され得るか否か、現実にどこまで応用できるかで勝負が決まる。おまけに美しい理論であることが望ましい。

エーテルとか全宇宙の重心とかいった、思考のしがらみをサラリと振り捨てることができたアインシュタインにとって、相対性原理はしごく自然のことだったんでしょうね。現代の僕らも「**どんな慣性系を基準にとっても、すべての物理法則はまったく同じに通用する**」というアインシュタインの主張を素直に受け入れることができます、よ、ね。でも、すごい！　地球上のどこに行こうと、また、未来世界であろうとも、慣性系である限り、物理学が成り立つということをいってしまっているんですから。

アインシュタインは、この当たり前の相対性原理ともうひとつ**光速度不変の原理**の、たった2つの原理から、特殊相対性理論を組み立て、21世紀に生きる人々をも驚かせるんだから、やはりすごい！

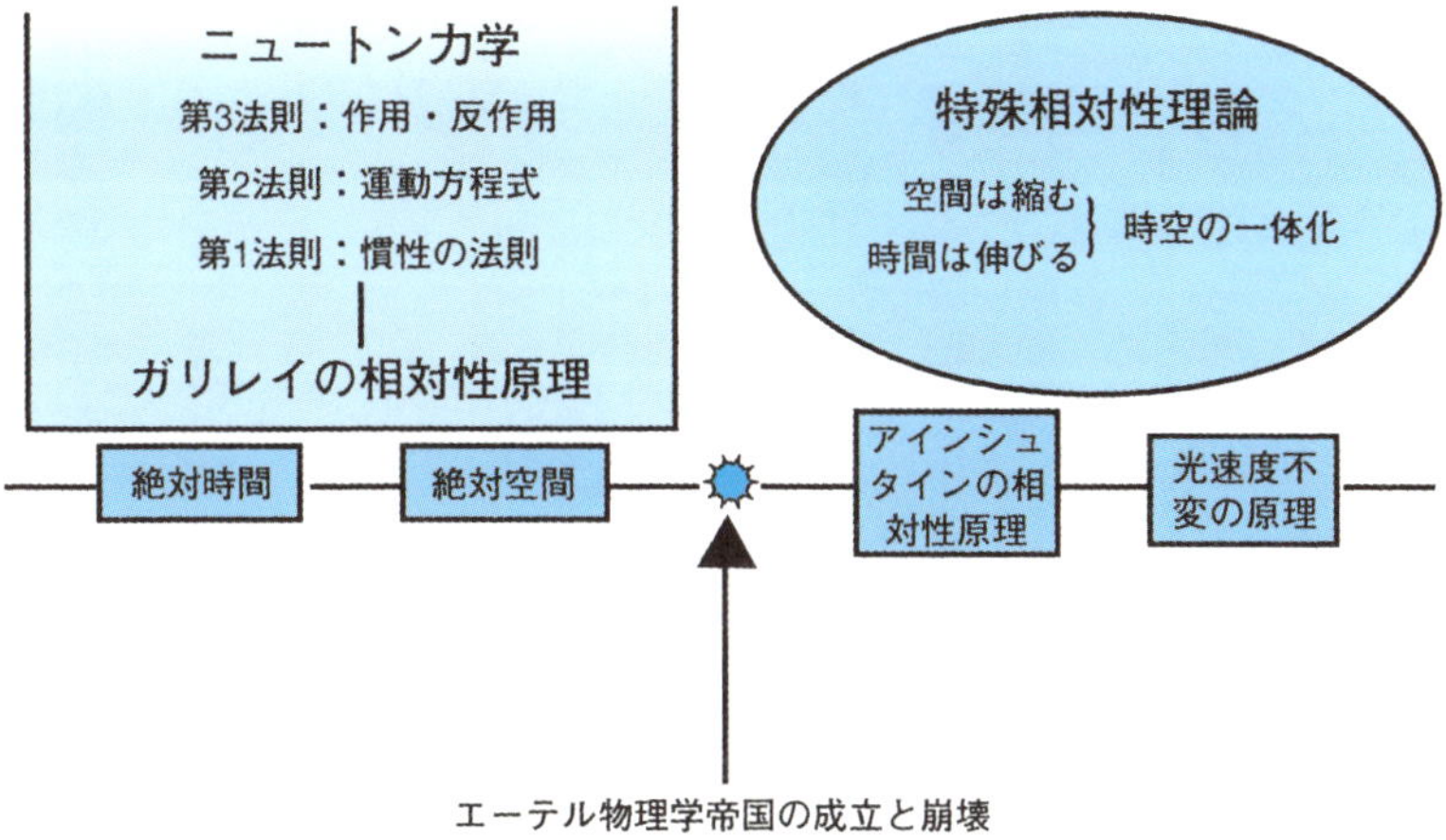
ニュートン力学
第3法則：作用・反作用
第2法則：運動方程式
第1法則：慣性の法則
ガリレイの相対性原理
特殊相対性理論
空間は縮む
時間は伸びる
時空の一体化
絶対時間
絶対空間
アインシュタインの相対性原理
光速度不変の原理
エーテル物理学帝国の成立と崩壊

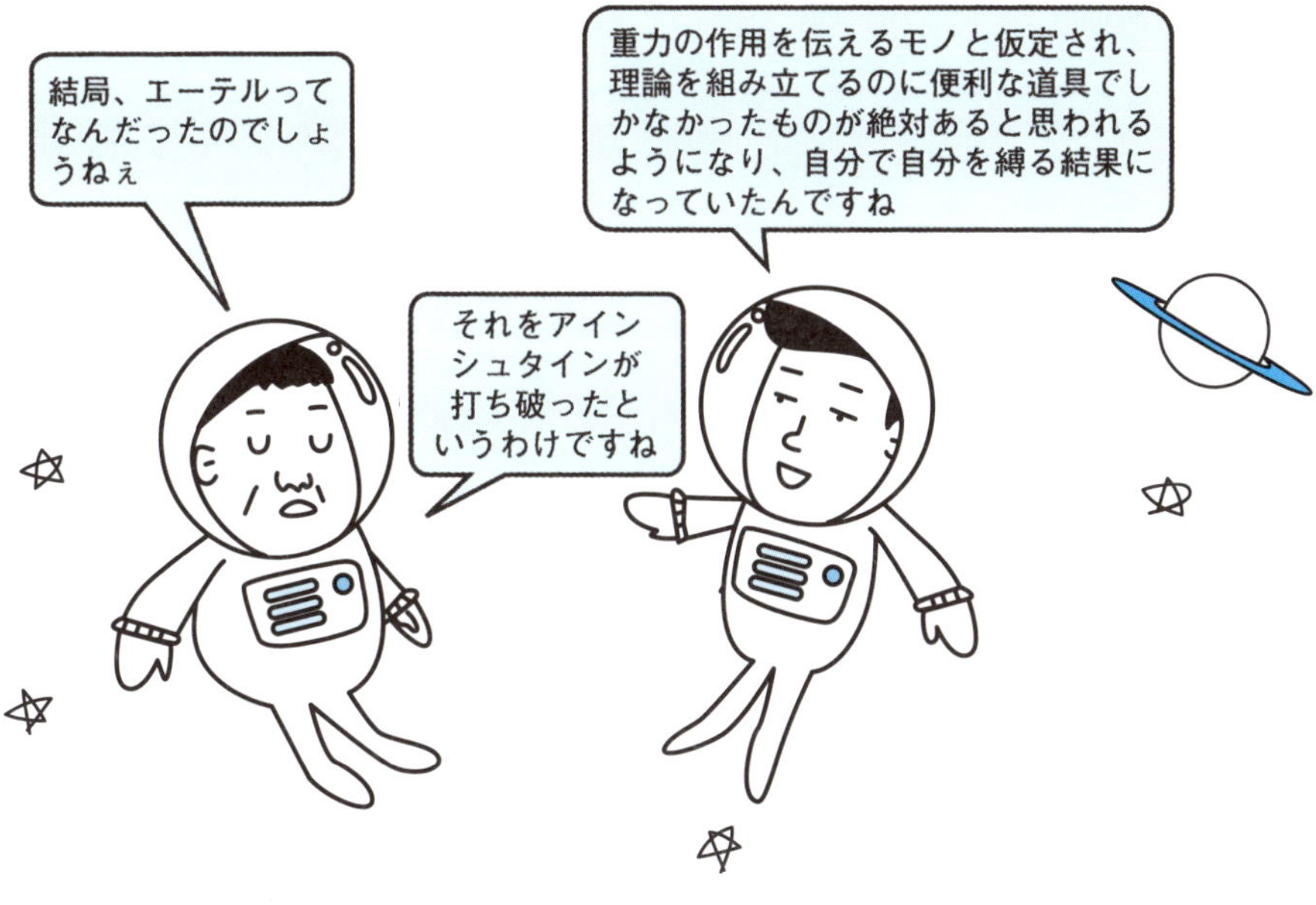
結局、エーテルってなんだったのでしょうねぇ
それをアインシュタインが打ち破ったというわけですね
重力の作用を伝えるモノと仮定され、理論を組み立てるのに便利な道具でしかなかったものが絶対あると思われるようになり、自分で自分を縛る結果になっていたんですね

相対性原理が物理学を支配する！

すべての慣性系は同等である

アインシュタインの相対性原理のように、誰かが何かを「これは原理だ」と言い立てても、誰も追随《ついずい》しなかったら狂人と見られるが、従う者がひとり、ふたりと現れ、組織が大きくなれば教団、国家を形成するかもしれない。**アインシュタインは相対性原理と光速度不変の原理を土台にして、特殊相対性理論を構築した**。それは大勢のシンパを抱える教団や国家のようなもの、といえなくもない。

あまりに常識外れの理論だったので、批判し、叩《たた》きつぶそうと論争を仕掛ける敵も現れた。今でも、相対性理論は間違っていると主張するトンデモ系の学者もいる。しかし、ニュートン力学が抱え込んだ難問を解決した手際のよさ、理論を構築していく見事さ、そして発表以来、ひとつも理論を否定する実験や観測事実が見つかっていないといった事情から広く受け入れられていった。

アインシュタインの相対性原理は、後述の一般相対性理論の土台のひとつを一般相対性原理というのに対し、特殊相対性原理という場合もある。特殊相対性原理にいったん従うと、力学や光学以外の物理現象を利用して地球の絶対速度を測定しようとしても一切無駄なことになる。また、すべての慣性系は、物理現象を記録する基準としてまったく同等で、優劣がない。ある慣性系を基準にした場合にだけ見ることのできる物理現象は、この世に存在し得ない。したがって、全宇宙の重心に固定された絶対的な慣性系から眺めた場合にだけ、エーテルは静止しているという考えは、この原理に反し、それゆえエーテルが存在しても物理的な性格はもち得ない。

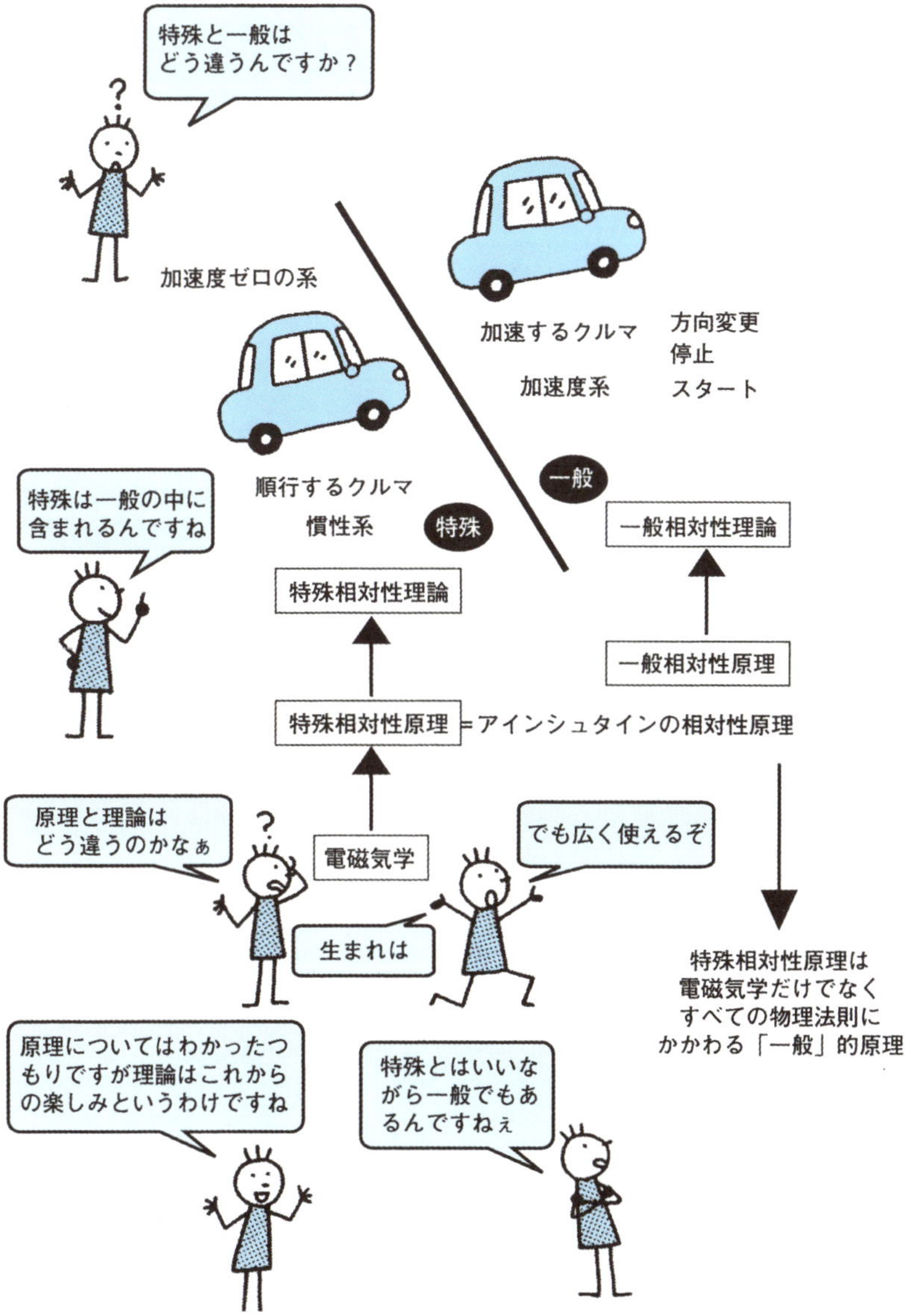
特殊と一般は
どう違うんですか？
加速度ゼロの系
加速するクルマ
加速度系
方向変更
停止
スタート
順行するクルマ
慣性系
特殊
一般
特殊は一般の中に
含まれるんですね
一般相対性理論
特殊相対性理論
一般相対性原理
特殊相対性原理
=アインシュタインの相対性原理
原理と理論は
どう違うのかなぁ
電磁気学
でも広く使えるぞ
生まれは
特殊相対性原理は
電磁気学だけでなく
すべての物理法則に
かかわる「一般」的原理
原理についてはわかったつ
もりですが理論はこれから
の楽しみというわけですね
特殊とはいいな
がら一般でもあ
るんですねぇ

いつでもどこでも変化しない光の速さとは

光速度不変の原理

あなたが地上で立ったままボールをまっすぐ前方に投げたとする。速さをuとする。今度は速さvで走り、その勢いをかりてボールを投げる。座って見ている人にとっては、ボールの速さはu＋vとなる。これは、まぁ「速さの合成則」ともいわれる、常識的な速さの足し算のルールですよね。速さの合成則には大別して2種類あり、ひとつは今述べたもの。もうひとつも、例で述べさせていただく。

湖の岸で水中に手を入れ、波立たせる。波の先端が静かな水面を伝わる速さをuとする。この湖で、速さvでボートを漕《こ》ぐ。このボートの先端から出る波が、静かな湖水面上に拡がっていく速さは？ そう、uですね。速さの足し算のルールのもうひとつは、足し算されない場合があるということだ。一般に、水面を伝わる波の速度は、水の密度や表面張力によって決まり、波の源の運動状態に無関係である。

さて、光の速さは、速さの足し算のルールのどちらの部類に属するか。

マクスウェルの電磁気学に従えば、光を含む電磁波は、2番目の部類に入る。すなわち「**光が真空中を伝わる速さは、光源の運動状態に無関係である**」。

この主張は、これまで述べたアインシュタインの相対性原理から導くことができない。アインシュタインはこの主張を、相対性原理に並ぶ第2の原理として採用した。**光速度不変の原理**にほかならない。

ここでいう「不変」とは、光源の運動状態が変化しても、それから放射される光の速さは変化しないという意味である。

速さのたし算のルールには２種類ある

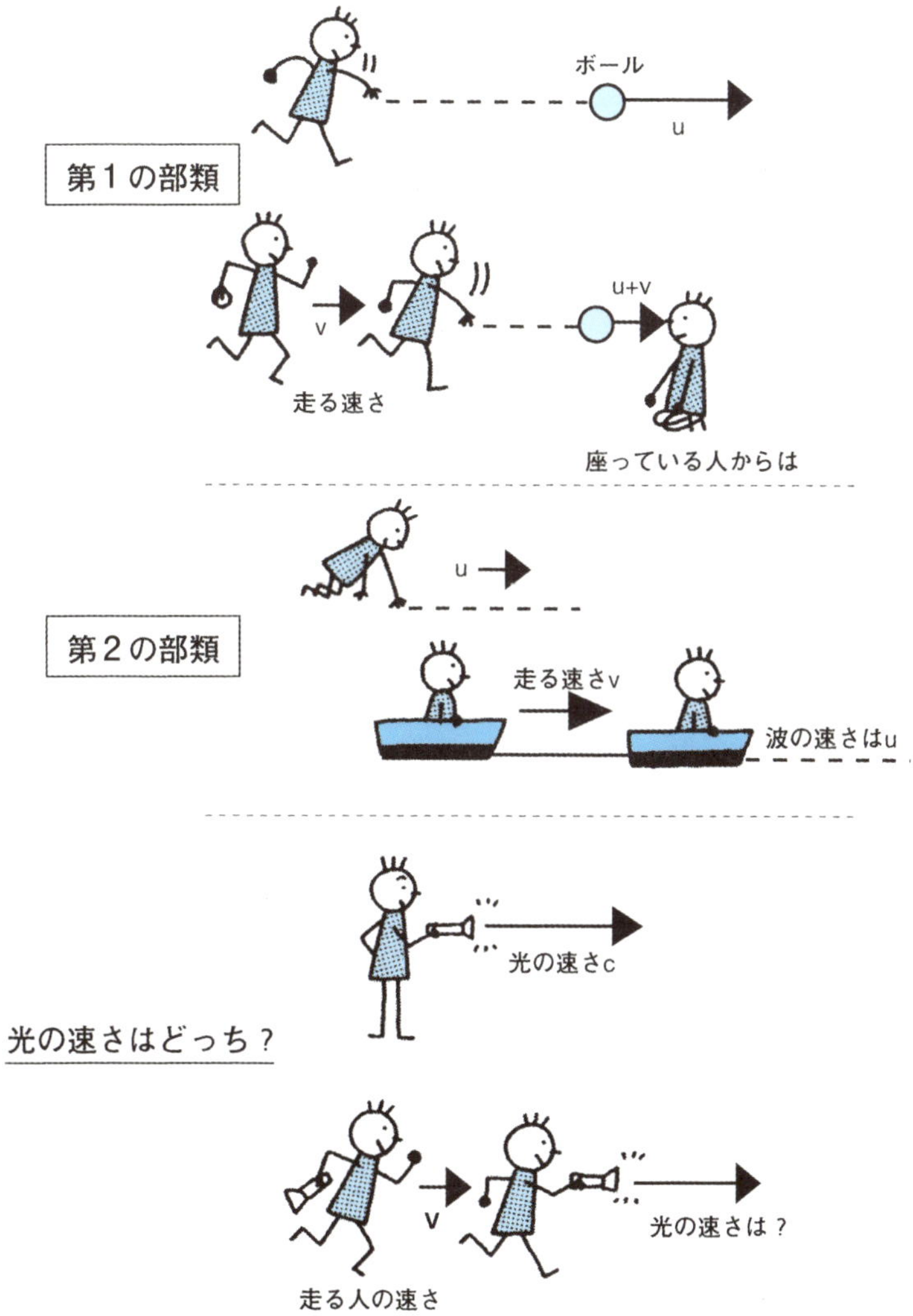

2つの原理が導く奇妙な現象

光の速度は観測者の速度を無視する

アインシュタインが立てた《相対性原理》と《光速度不変の原理》は、それぞれ別に何の先入観もなく考えると、しごく当たり前のことである。ところが組み合わせると、とても奇妙な事象が現出する。

左図をご覧いただきたい。地上に固定された街灯から出た光Aを地上に立っている観測者Sが見ている。話を簡単にするために、すべては真空中で起きたとすれば、そのとき光の速さはCである。

また地上を一定の速度vで走っている自動車のヘッドライトから出る光Bを観測者Sが見ると、《光速度不変の原理》により、Bの速さもCだ。

つぎに車に乗っている第2の観測者S'からすべてを見てみよう。S'にとって車もヘッドライトも常に静止している。いや、車は動いていると思う人がいるかもしれない。S'から見て時間が経っても、S'と車の間の距離は変わらないという意味で、窓の外を見れば動いている景色は見えますよね。

SもS'も慣性系であり、《相対性原理》によれば、Sに対して成り立つ法則は、S'に対してもそのまま適用できるハズである。したがってS'から見て静止している光源（ヘッドライトのことですよ！）から出た光の速さはCである。つまり、同じ光を、地面に対し静止しているSから見ても、地面に対し運動しているS'から見ても、その伝播《でんぱ》速度が同じであるという奇妙なことが起こる。これは我々の常識に反し、**ガリレイ変換**（※）が破綻したことを示している。以上をまとめると、**光の速度は観測者の速度によらない**。これを《**光速度不変の原理**》に含める人もいる。

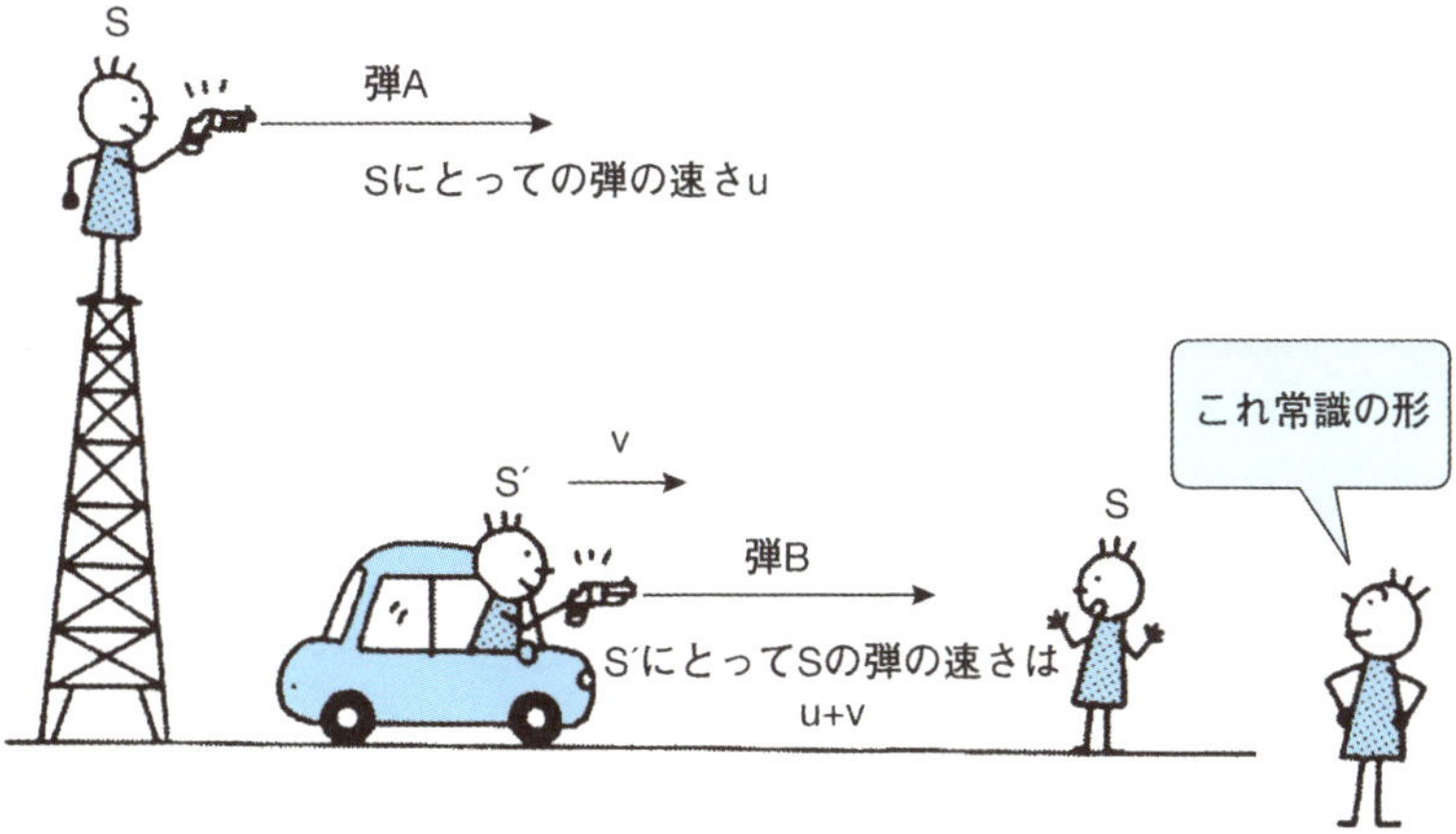

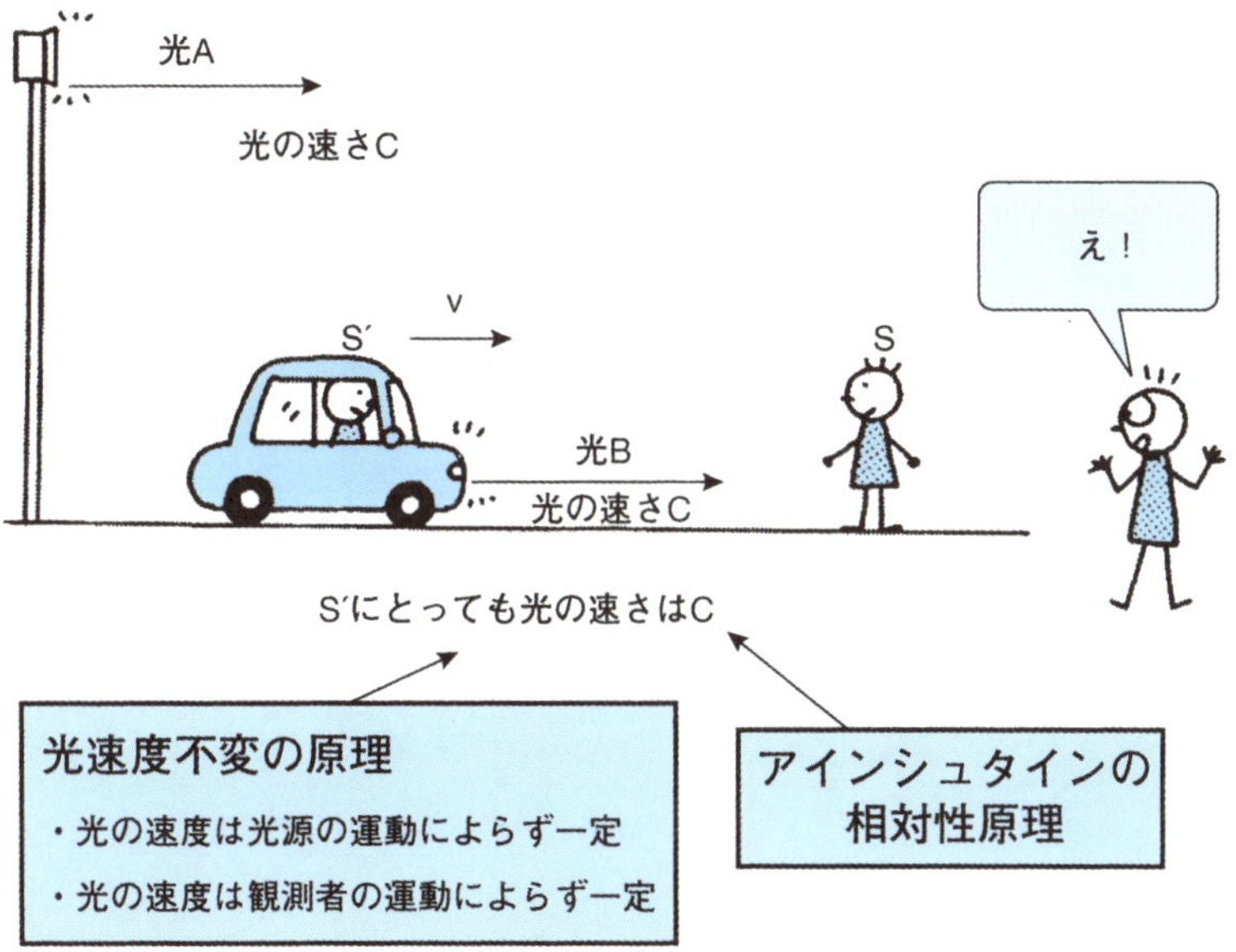

※注：ガリレオ変換とはお互いに等速度運動を行なっている者同士でやる一番かんたんな座標変換のこと

科学常識を覆した特殊相対性理論

時空図は特殊相対性理論の基本である

アインシュタインは《相対性原理》と《光速度不変の原理》という、たった2つの原理をもとに、それまでの物理学の理論とは異なる新しい理論体系を創造した。特殊相対性理論である。この理論のもっとも特徴的な点は、時間・空間に対する考え方が、我々の常識となっていた、そして今も日常生活の常識となっているニュートン以来の近代的な考え方と異なるということだ。

アインシュタインはまず、同時刻の相対性ということから始めた。夜、真っ暗な駅で急行電車が一定の速さvで通り過ぎたとしよう。そのうちの1台の中心がホームに立っている電灯の真ん前に来た瞬間、一瞬この電灯に明かりがつき、再び消えた。光は電車の窓から車内に入り、左右に拡《ひろ》がり、電車の先端・後端に到達する。この現象を電灯の真下に立っている駅員S、車内の中心に座る乗客S'が見ている。

つぎに、電車内の中央通路の床上に、レールに平行に1本の直線を引き、これを座標軸とする。電車の後端を原点とする。本来なら、床の上にこの座標軸と直交するもう1本の直線、そして床に垂直な柱を入れて、これら3本を座標軸にして、三次元の座標系にしなくてはいけないが、ここでは1本でガマンして、横軸OXで表す。グラフの縦軸OTは事件の起きた時刻を表す。

一般にこういう座標系で表されたグラフが**時空図**だ。時間を縦軸で、空間を横軸で表現した図、という意だ。時空図は相対性理論を図解するのに便利なので、よく使われる。とくにグラフ嫌いの人にはチョット面倒くさそうに見えるでしょうが、ナニたいしたことはありませんよ。

電灯
S'
v
S

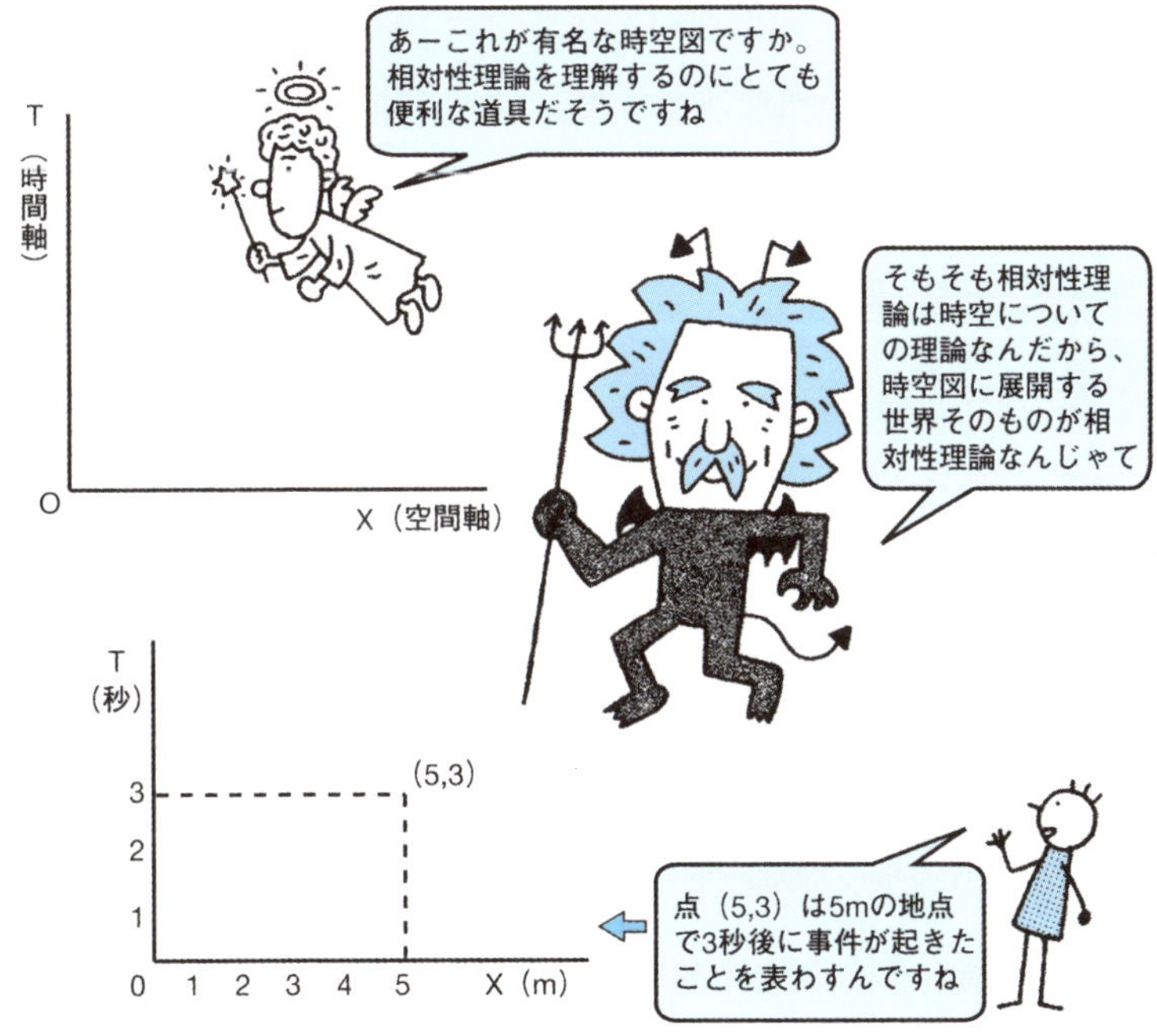
あーこれが有名な時空図ですか。相対性理論を理解するのにとても便利な道具だそうですね
T（時間軸）
O
X（空間軸）
そもそも相対性理論は時空についての理論なんだから、時空図に展開する世界そのものが相対性理論なんじゃて
T（秒）
(5,3)
3
2
1
0 1 2 3 4 5 X（m）
点（5,3）は5mの地点で3秒後に事件が起きたことを表わすんですね

走っている物が縮む様子を時空図で示そう

特殊相対性理論の世界では物は縮む

時空図ではA' B'のように、空間軸に平行で、時間軸に垂直な直線上で起きた事件は同時刻だ。ABのように傾いている直線上に起きた事件は、同時刻ではない。Bは光が電車の後端に到達した事件。Aは光が電車の先端に到達した事件。ホーム上の駅員Sからすれば、同時刻に起きていない。しかし、車内の乗客S'からすれば同時刻に起きている。

直線AB上で起きた事件は、車内の乗客S'にとって同時刻である。したがって、その瞬間、車内にあった物差しで測れば、**車内の乗客S'にとってABが電車の長さである**。まぁね。こんな面倒な手続きをとらなくても、フツーに測った電車の長さのことなんです。でも、同時刻に測るという手続きをあえてとることによって、特殊相対性理論は豊かな実りを得るんですよね。

ホーム上の駅員Sからすると、電車は一定の速さvで左から右に走っている。電車の先端も同じ速さvで動いている。したがって、ホーム上の駅員Sから見た電車の先端、後端を表す点の座標も、時間が経つにつれ時空図の右上へ動く。その様子を表したものが図②の傾いた直線（Ⅰ）、（Ⅱ）である。（Ⅰ）は電車の先端が時空図上で動いた跡だ。

点Bを通り、空間軸（OX）に平行な直線と（Ⅰ）との公点をA"とする。A"は、ホーム上の駅員Sが、光が電車の後端に到達したと同時刻に電車の先端がいる位置をホーム上に印をつけたことに相当する。つまり**BA"はホームの駅員にとっての電車の長さである**。さあ図③でABとA"Bとを比べてください！

図①

プラットホーム上の駅員Sを基準にした時空図（前項参照）

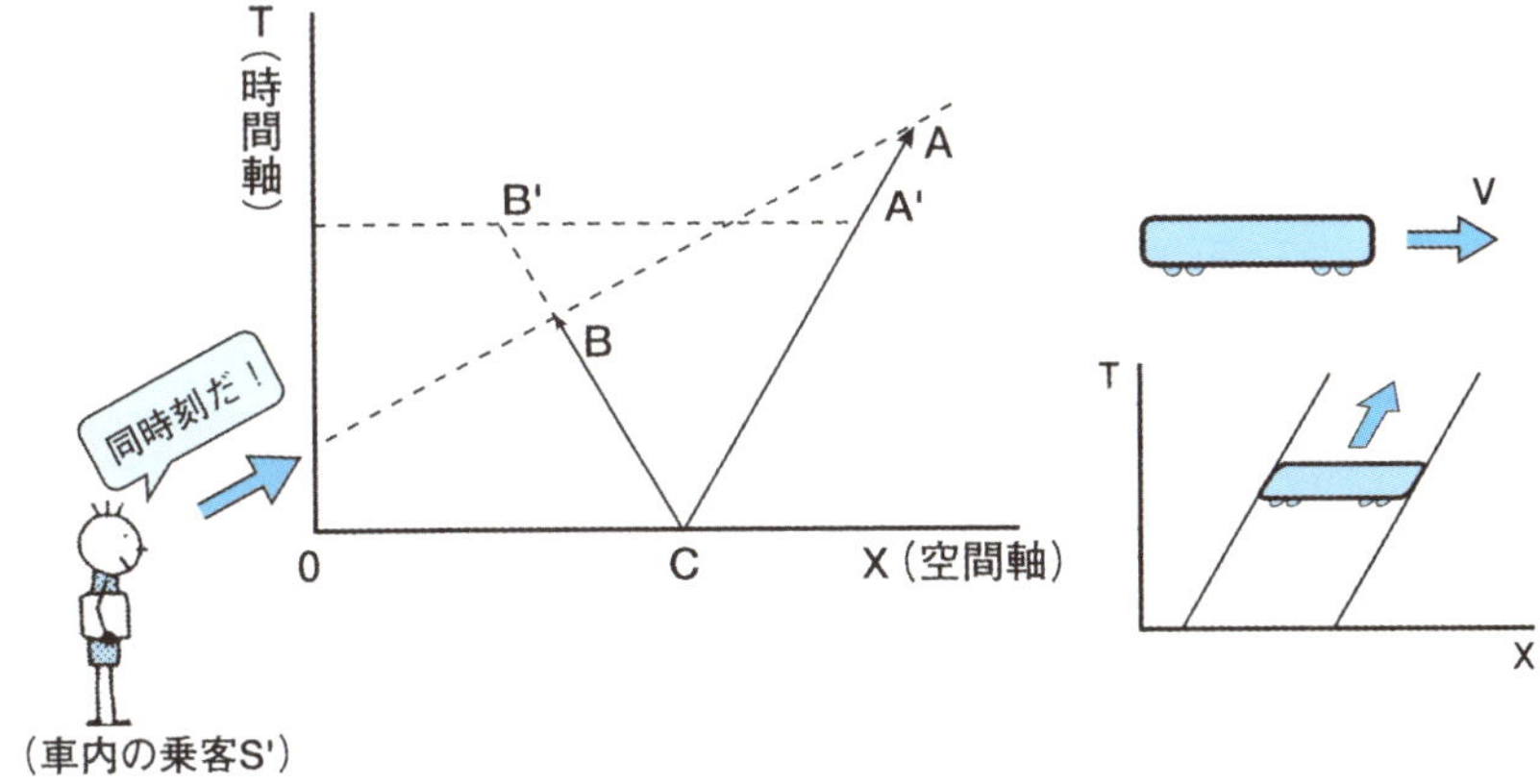

図②

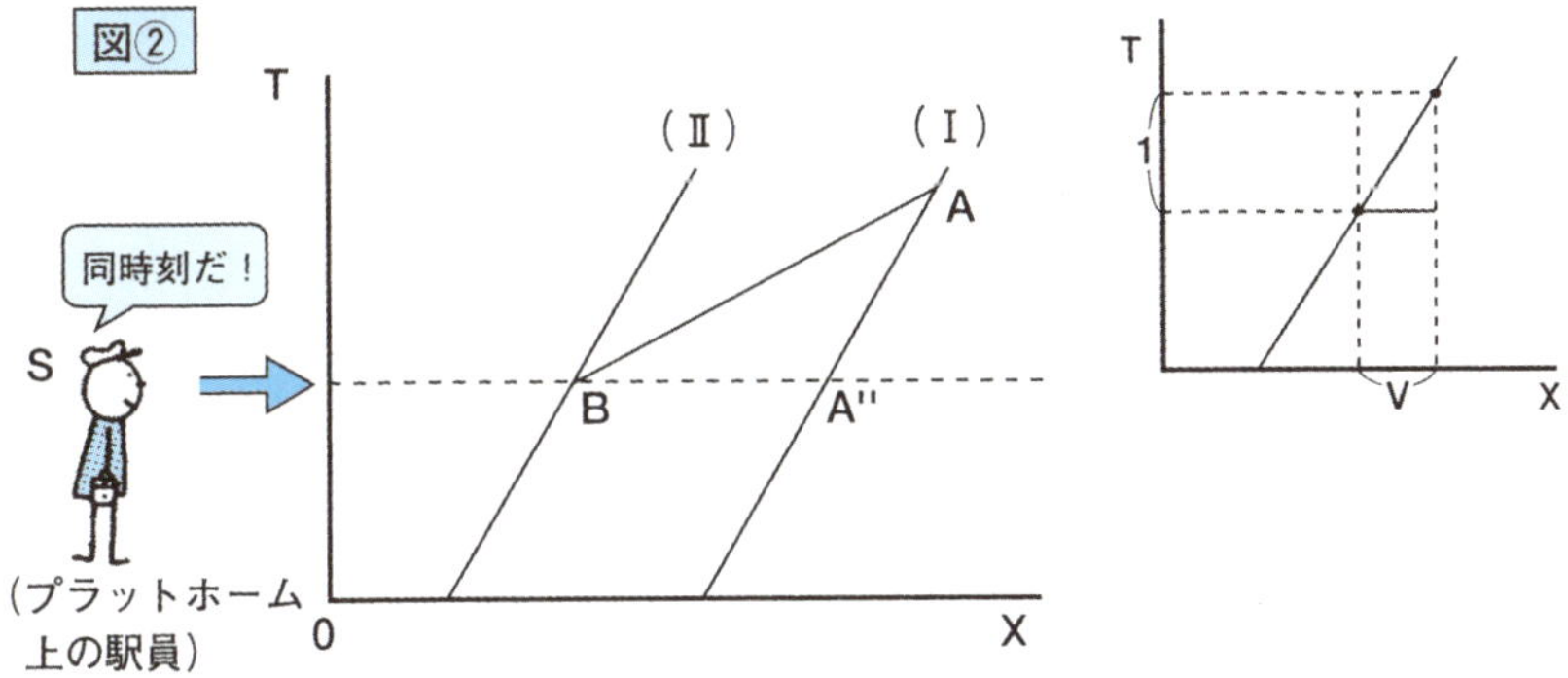

図③

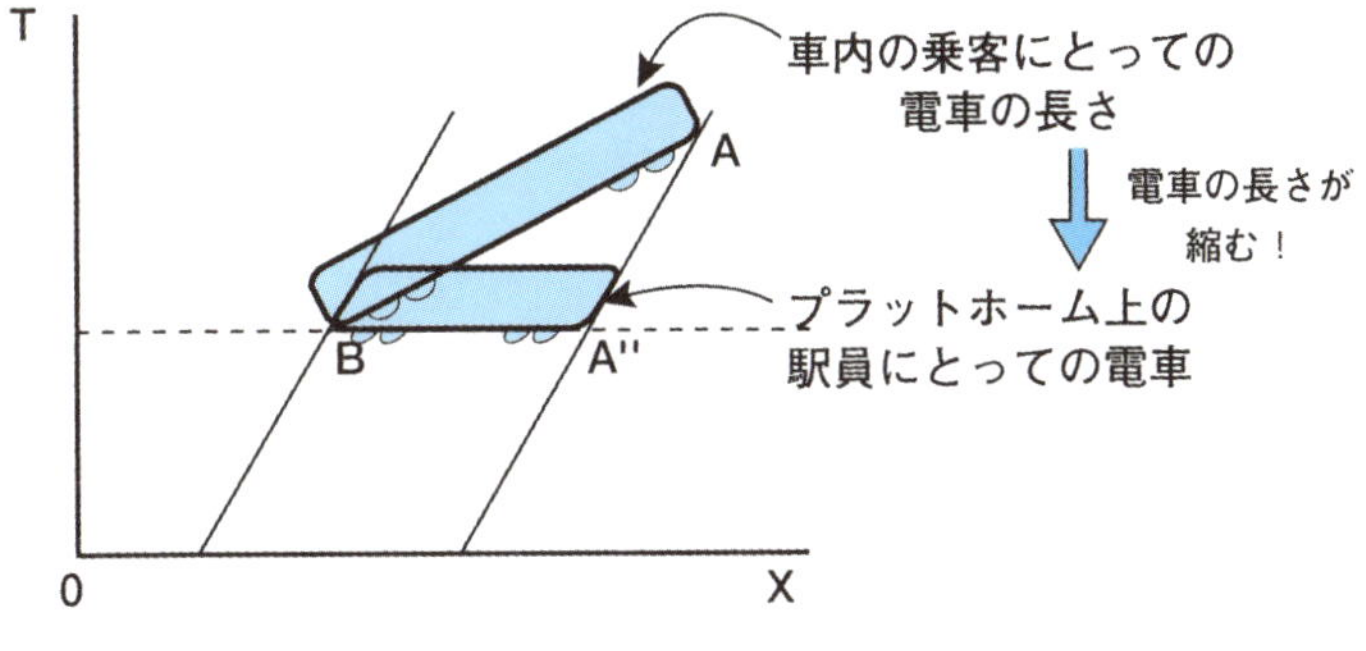

時間と空間が一体であることを明示しよう

相対性原理と光速度不変の原理は光を媒介にする

左頁の時空図①は、ホーム上の駅員Sから見た電車が走り去っていく様子である。電車の後端が時空図上で動いた跡（Ⅱ）を、新たに時間軸にしたのが、図②だ。

中学では、座標系のタテ軸とヨコ軸とが直角に交わる直交座標系しか習わなかったので、図②のように斜めに交わる**斜交座標系**が突然現れて驚かれたかもしれない。でも、時間軸を傾けても、ここまではガリレイの相対性原理の世界だ。基準に慣性系がSからS'に変わっても、同時刻であることを示す線は空間軸に平行なままで、とくに変化は起きないことを示すのが、ガリレイの相対性原理でしたから。

さて、今度は見慣れたであろう時空図③をご覧いただきたい。図③はあくまでホーム上の駅員Sを基準にした場合の時空図であった。しかし、直線ABを視線とする人を設定すると、光が電車の先端、後端に到達するという事件A、Bが駅員Sには同時刻に起きていないのに、同時刻になる。つまり、直線ABを視線とする人とは車内の乗客S'のことだった。

この直線ABに平行に、原点を通って新たな空間軸をとり、図②の斜めの時間軸を合体させたものが、図④である。このように時間軸と空間軸がともに斜めになった時空図をつくってみると、車内の乗客S'にとって、光が電車の先端、後端に同時刻に到達することが明示される。

図④こそ、アインシュタインの**相対性原理と光速度不変の原理とが光を媒介に、時間と空間が一体のもの**であることも明示している！

図①

プラットホーム上の駅員Sを
基準にした時空図

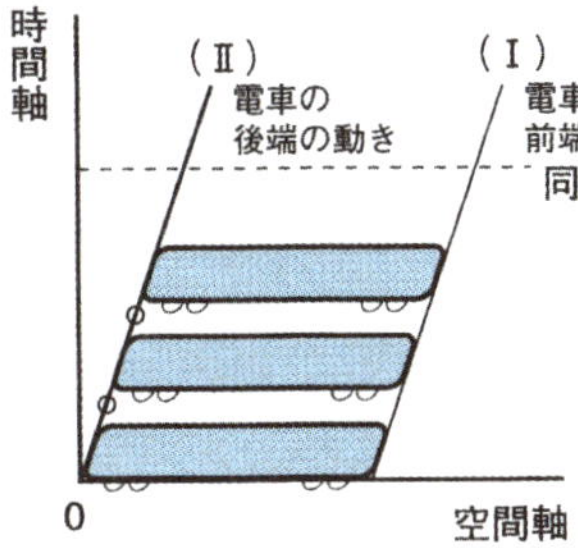

図②

車内の乗客S'を基準にした時空図

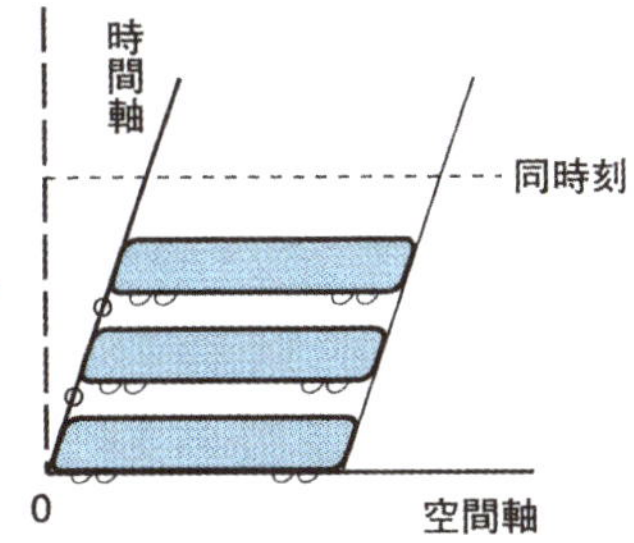

図③

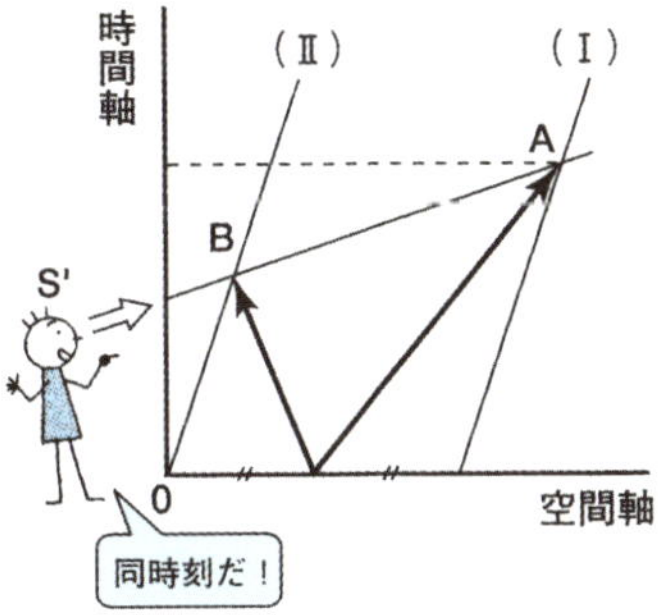

図④

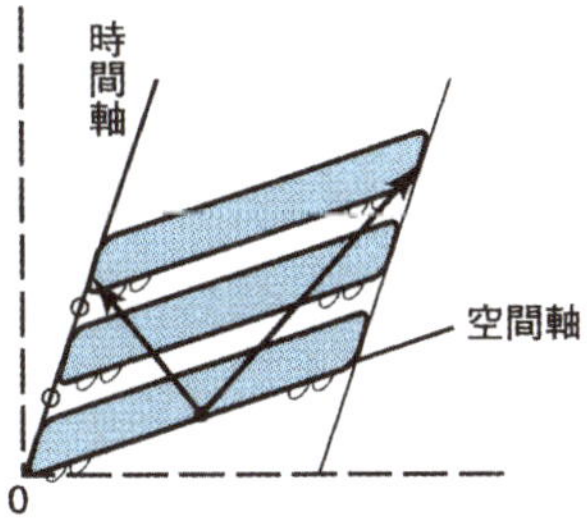

(参考)

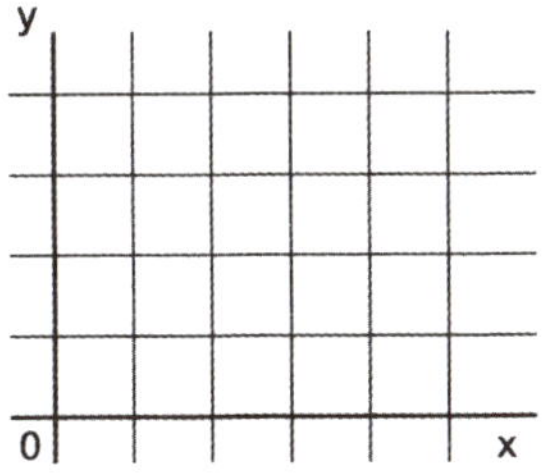

直交座標系

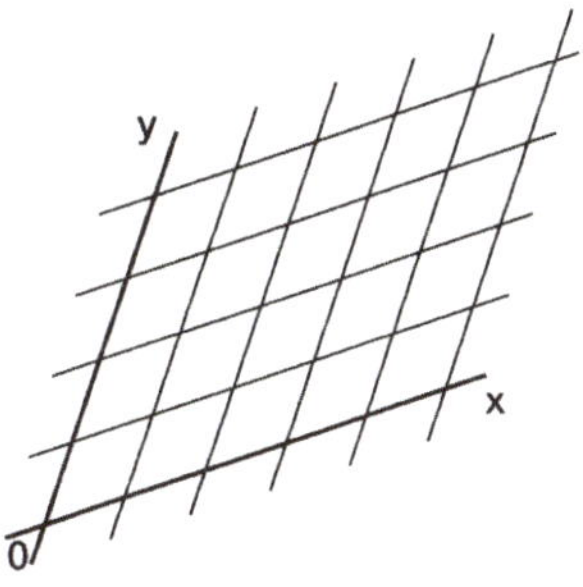

斜交座標系

時間の遅れを光時計で見る

宇宙では寿命が延びる

時間を計るのに、人は規則正しく同じ事を繰り返す運動を利用してきた。振り子時計では、振り子の運動。水晶時計では水晶の振動。ここでは気宇壮大《きうそうだい》な光時計という空想的な時計を仮定しよう。

2つの鏡を向かい合わせ、その鏡の間を15万㎞にする。一方の鏡から出た光が、他方の鏡に反射して、もとに戻るまでの時間は1秒である。光速は30万㎞／秒ですからね。この光が2往復すれば2秒、3回ならば3秒……というように、この光時計は時間をカウントする。

この2つの鏡を、18万㎞／秒で一様に運動している超巨大宇宙船に乗せる。それを外で静かに見ている人がいる。これまでと同じように電車とホーム上の駅員のたとえでもいいんですが、あまりに数字がデカいんで、こうしただけです。

光が超巨大宇宙船内の2つの鏡を往復する間に、船外の人からすれば光時計はAからA'へと動く。船外の人Sから見ると、光がAからBへ、そしてA'までの一周期が1秒である。光速不変の原理により、光はABを30万㎞／秒で進み、光時計は18万㎞／秒で動く。

船内光時計の光時計と、それを船外の人Sから見た光時計との、それぞれの光の片道距離の比CB：ABは、半周期に要する時間の比CB：ABに等しい。すなわち、船内の時間は船外の人からすると、5分の4しか経っていませんねぇ。

こういう事象を「**双子のパラドックス**」という。日本では「**浦島効果**」という。

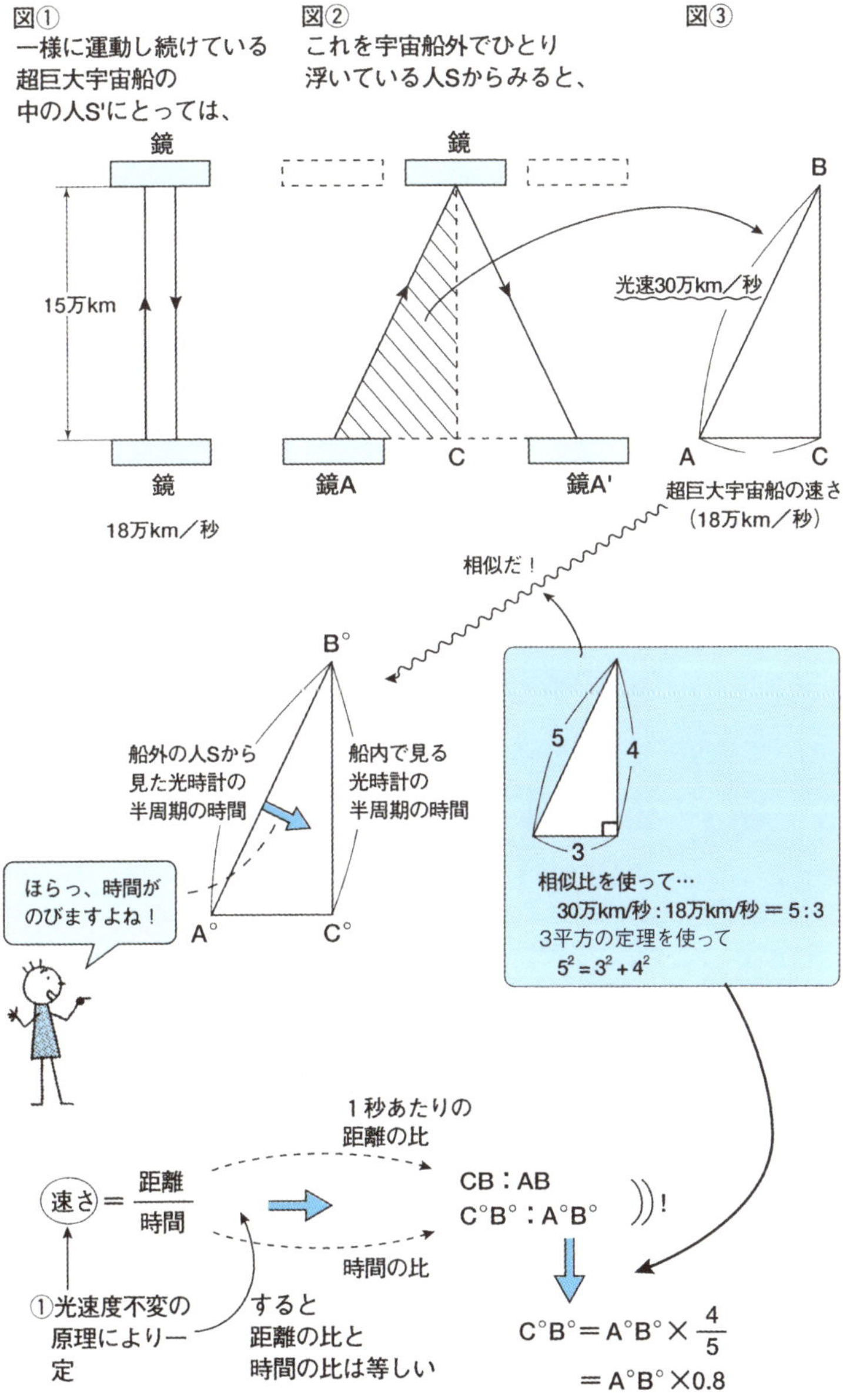
図①
一様に運動し続けている
超巨大宇宙船の
中の人S'にとっては、
図②
これを宇宙船外でひとり
浮いている人Sからみると、
図③
鏡
15万km
鏡
18万km／秒
鏡
C
鏡A
鏡A'
B
光速30万km／秒
A
C
超巨大宇宙船の速さ
（18万km／秒）
相似だ！
B°
船外の人Sから
見た光時計の
半周期の時間
船内で見る
光時計の
半周期の時間
ほらっ、時間が
のびますよね！
A°
C°
5
4
3
相似比を使って…
30万km/秒 : 18万km/秒 ＝ 5 : 3
3平方の定理を使って
$5^2 = 3^2 + 4^2$
1秒あたりの
距離の比
速さ＝距離／時間
CB：AB
C°B°：A°B°
))!
時間の比
①光速度不変の
原理により一
定
すると
距離の比と
時間の比は等しい
$C°B° = A°B° \times \frac{4}{5}$
$= A°B° \times 0.8$

時間の遅れを時空図で見る！

宇宙船の中と外の時間の経ち方

前項の成果を式にしておこう。船内の光時計は船外から見ると、

$$\sqrt{1-\left(\frac{V}{C}\right)^2}\text{倍}$$

だけ遅れる。

この式を使って、左ページのように表をつくる。さらに、光の時空図を描く。タテは時間軸、ヨコには空間軸を目盛る。なお、Cは光速30万km／秒というお約束だ。ヨコの空間軸は距離を表す。すると、この直交座標系では、タテ、ヨコの軸に対し、45度の角度で光の軌跡を描くことができる。

つぎに、光速の5分の3の速さで航宙している巨大宇宙船を基準にした時空の軸を描いてみよう。まず時間軸を考える。

船内の光時計の進み方は、船外から見ると0・8倍になる。ということは、船外基準での1秒の目盛りから伸ばした水平線と、巨大宇宙船の軌跡との交点が、宇宙船基準での0・8秒である。つまり、船外時間では1秒経っているのに、船内時間では0・8秒しか経っていない。原点と（0・8、1）の点とを結ぶことにより、宇宙船内の時間軸を目盛りつきで描くことができる。

宇宙船内の基準からすると、船外の時計の進み方が0・8倍遅れる。慣性運動をしている、つまり一様に航宙している宇宙船内の人からすれば、自分は静止し、船外に漂《ただよ》っていた人は船とは反対の方向に一様に運動しているように見えるので、船外の時計こそ0・8倍遅れるのだ。0・8秒の0・8倍は0・64秒で、その目盛りは、船内基準での同時刻の線を引くことにより、求められる。

同様に、空間軸を数の下図のグラフのように描き、目盛っていくことができる。

式

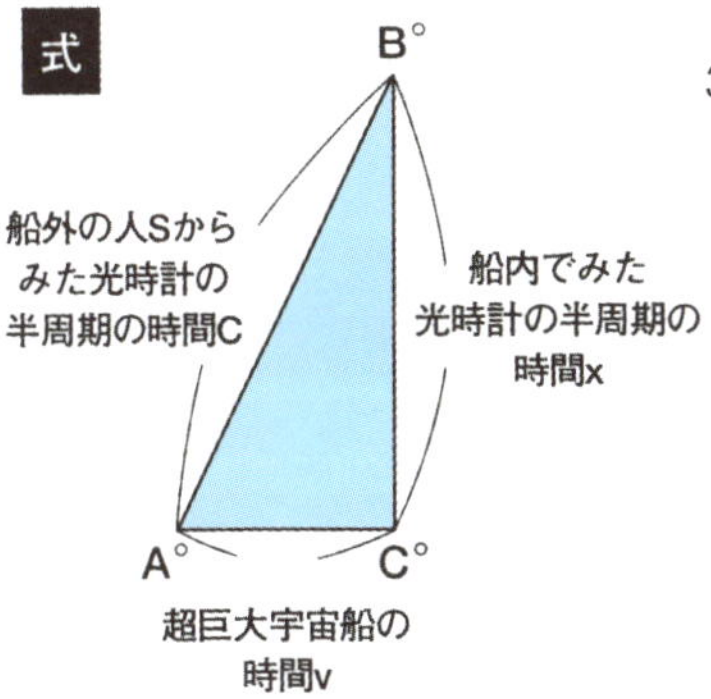

3平方の定理により

$$X^2 + V^2 = C^2$$

V^2を移動して

$$X^2 = C^2 - V^2$$

両辺をで割って

$$\frac{X^2}{C^2} = 1 - \frac{V^2}{C^2}$$

CもXも正で

$$\therefore \frac{X}{C} = \sqrt{1 - \left(\frac{V}{C}\right)^2}$$

表

C	$\frac{1}{5}C$	$\frac{2}{5}C$	$\frac{3}{5}C$	$\frac{4}{5}C$	C	超巨大宇宙船の速さ
$\frac{V}{C}$	$\frac{1}{5}$	$\frac{2}{5}$	$\frac{3}{5}$	$\frac{4}{5}$	1	超巨大宇宙船が光速の何倍で航行するか
$\frac{X}{C}$	$\frac{2\sqrt{6}}{5}$	$\frac{\sqrt{21}}{5}$	$\frac{4}{5}$	$\frac{3}{5}$	0	超巨大宇宙船の時間は船外から見るとどれほど遅れるか

グラフ（時空図）

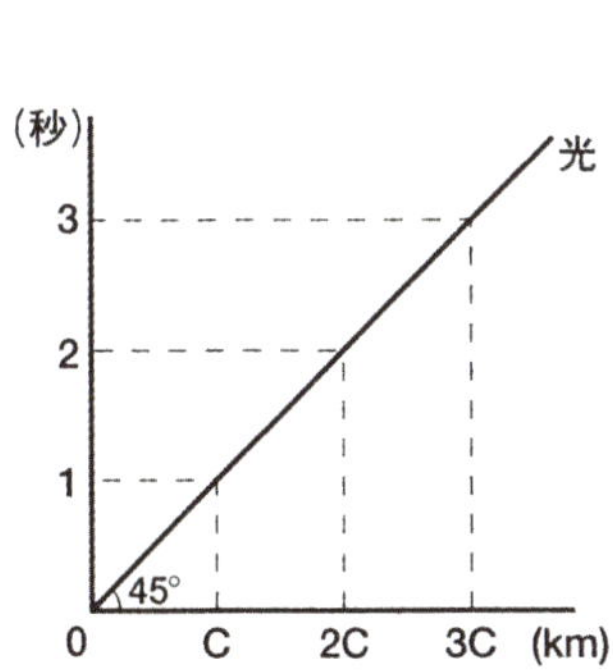

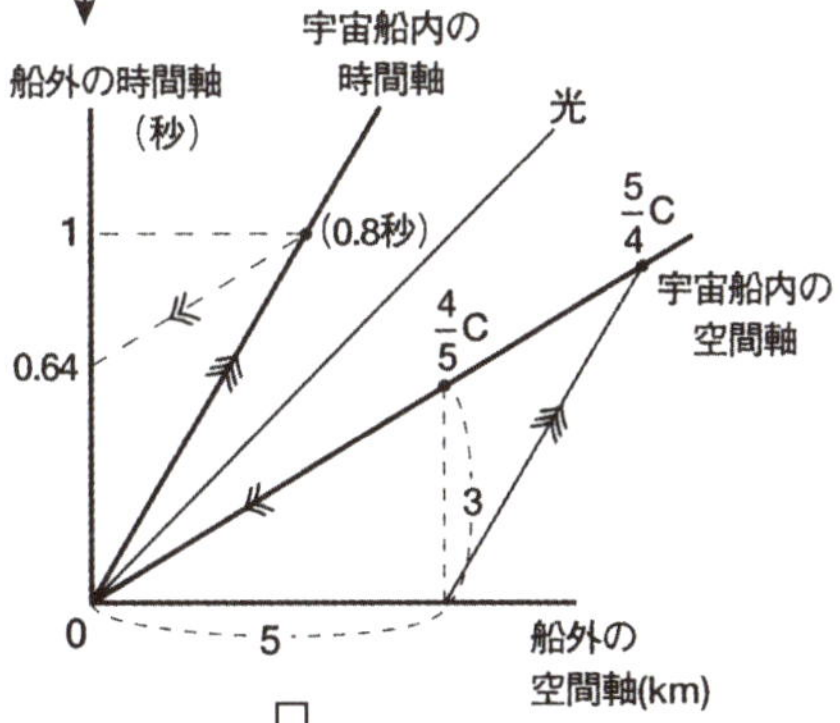

41ページの図③と比較してみて！

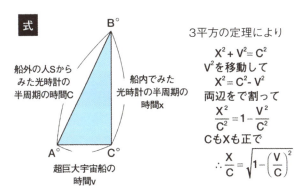

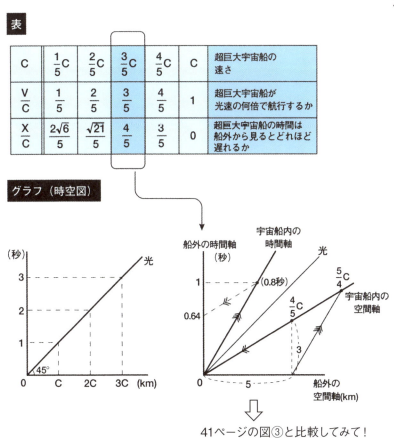

物は光速に近づくにつれて縮む

物の長さの縮みの公式

これまでの勢いをかりて、運動する物体がどのくらい縮むかを見てみよう。今度ははじめから公式《物の長さの縮みの式》を導入する。いちいち「動いて見える慣性系での長さ」というと、いらついてくるので「**運動長**」、「静止して見える慣性系での長さ」を「**静止長**」ということにする。「運動長」「静止長」がなんだかわからなくなるたびに、もとの意味にもどることをお勧めする。初心忘るべからず、ですね。この公式がなぜ成立するかに興味ある方は、前項を復習してください。時空図上の物の縮みの様子については40ページで見たばかりですよね。

ところで、高校数学で円の方程式を習う。点（x，y）のx座標とy座標の間に$x^2+y^2=r^2$の関係が成り立つような点の集合は円になるので、この関係を円の方程式という。この円の第1象限の円周上の任意の一点（x，y）からx軸に垂線を下す。その点から原点に線を引くと半径になる。rが静止長、xが運動長、yがv/c、すなわち運動している物の長さが光速の何倍かを表す。

点（1，0）は物が静止している場合では、静止長と運動長が一致している。点（1，0）から（0，1）へと円周上を移動していくとき、物の運動は光速に近づいていく。それにつれ、運動長が縮まっていく。なお、この図には点が容易に（0，1）に重なってしまうが、重さのある（正確には質量のある）物は光速になることはできない。

ちなみに、光がなぜ光速で動けるのかは、質量がゼロだからである。

物の長さの縮みの式

$$\left(\text{動いて見える慣性系Vの長さ}\right) = \left(\text{静止して見える慣性系Vの長さ}\right) \times \sqrt{1-\left(\frac{V}{C}\right)^2}$$

プラットホームの駅員にとっての電車の長さのこと

車内の人にとっての電車の長さのこと

$$\text{運動長} = \text{静止長} \times \sqrt{1-\left(\frac{V}{C}\right)^2}$$

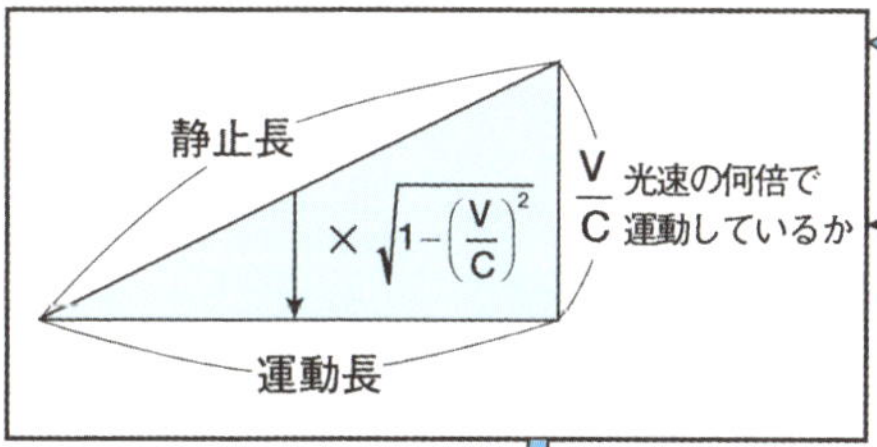

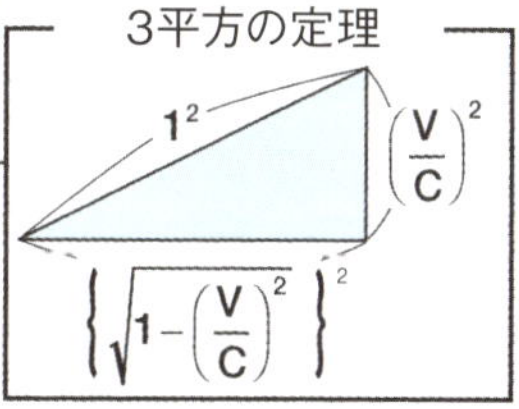

円の方程式

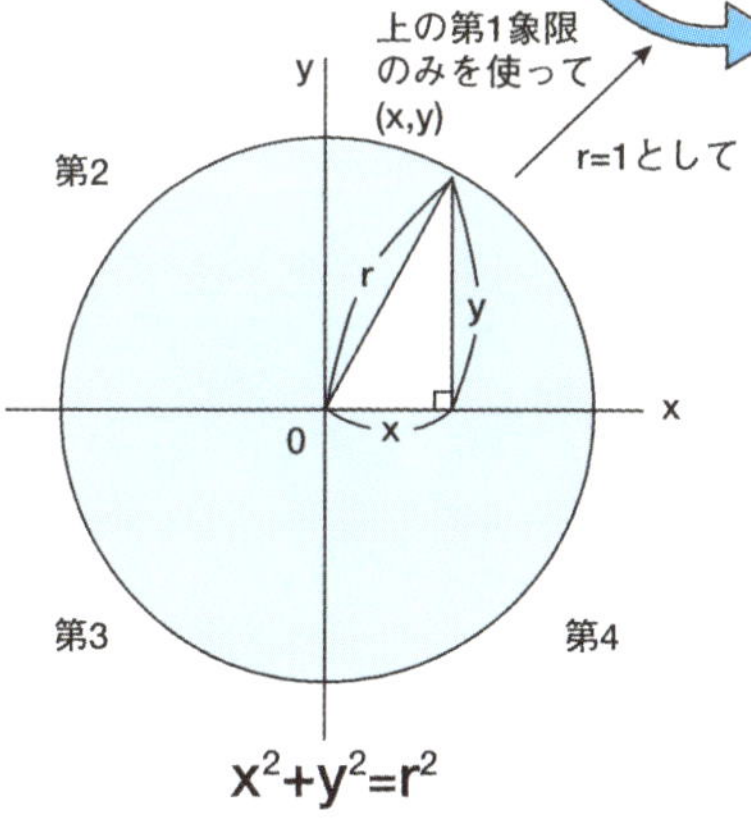

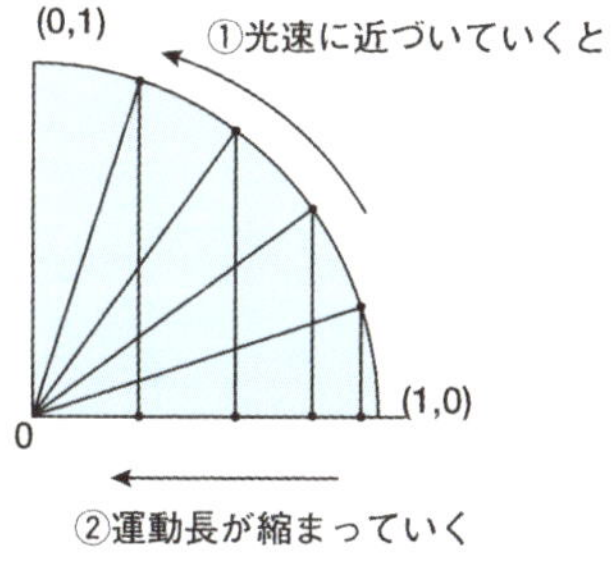

質量が速さとともに増えていく

失われた運動エネルギーが質量に変わる!?

物体に力を加え続けると、物体は速さを増しながら空間を動く。これを物理学では物体に仕事をしたという。えっ、そんなんで仕事といっていいの、と思う方がいるかもしれないが、言葉の定義だとお考えください。物体に仕事をすることは、エネルギーを物体に与えることだ、とこれも物理学ではいう。

物体は、もらったエネルギーを運動エネルギーという形でもつ。ニュートン力学では、運動エネルギーは**［質量×速さの2乗÷2］**で表される。ニュートン力学の世界では、物体に力を加え続け、エネルギーを注ぎ込むと、物体はせっせと速さを増し続け、運動エネルギーが増え続ける。もらったエネルギーを全部エネルギーとしてもち続ける、というのがこの世界でのエネルギー保存の法則だ。

ところが、相対性理論の世界では同じように物体にエネルギーをつぎ込んでも、速さが小さいときを除いて、(さぁここが大事ですよ) ニュートン力学で期待されるほど速度が伸びない。伸びないどころか、どんどん離れていくのであった。

では、［質量×速さの2乗÷2］で表される運動エネルギーはどこへ行ったのか?

時間が経つほど、物体の速さが大きくなるが、同じ大きさのもとでの速さが変わりにくくなり、光速に近づいていき、速さの増え方はゼロに近づく。ということは、**速さを変えまいとする現状維持の傾向（慣性）が、相対性理論では時間が経ち、速さが増すにつれ、質量は大きくなる**ってことだ。失われた運動エネルギーは質量を増やすことに使われるのだぁ！

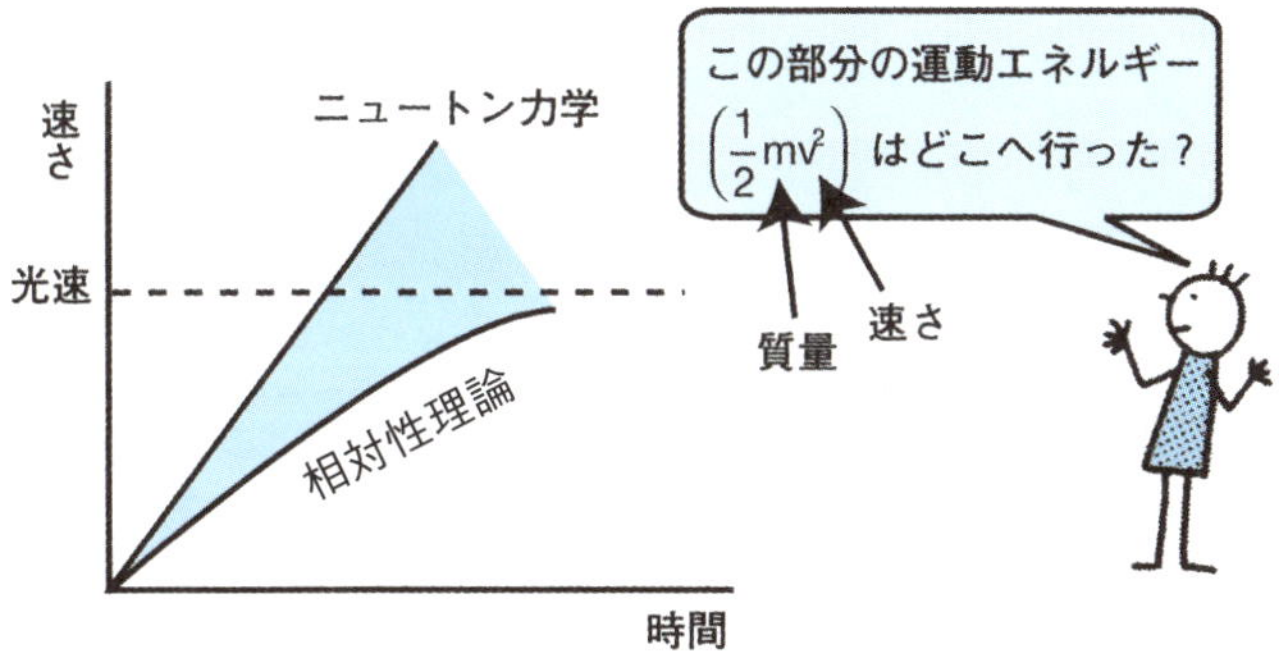

相対性理論は走るスピードをあげていくと太っていく世界なんだ！

時間が経つほど速さが変わりにくくなる世界

慣性質量と静止質量とは？

特殊相対性理論の世界では、**質量とは、慣性の大小を表す慣性質量**のことです。

立っている相撲取りを押してもダメだが、小学生なら簡単に動かせる。等速直線運動をしている10万トン級のタンカーは力を外部から加えても、なかなか進路・スピードを変えない慣性をもっているが、手漕ぎのボートなら簡単だ。

力を加えられていない物体が静止、または等速直線運動をし続けようとする、いわば現状を維持し続けようとする傾向を「慣性」という。質量の大きい物体は、同じ大きさの力を受けても速さが変わりにくく、質量の小さい物体は、同じ大きさの力によって速さが変わりやすく、慣性が小さい。質量には「慣性質量」のほかに、もう一種類、**重力質量**というのがあるが、それはまた後述するのでお楽しみに。

以上のギロンをまとめると、速さが変わりにくくなっているということは、物体の慣性を表す質量（くどいようだが、慣性質量）が大きくなるということ。

さて、相対性理論の世界では物体に一定の力が加えられ続けると、左図で見るように、時間が経つほど、速さが変わりにくくなる。それに伴い、物体の慣性を表す質量がだんだん大きくなっていく。

しかも、**時間が無限に経つにつれ、速さは光速に近づき、質量は限りなく大きくなっていく**。

日常生活では、速さが光速に比べてとても小さく、質量はほぼ一定で、速さがゼロのときの質量にほとんど等しい。**速さがゼロのときの質量を「静止質量」**という。

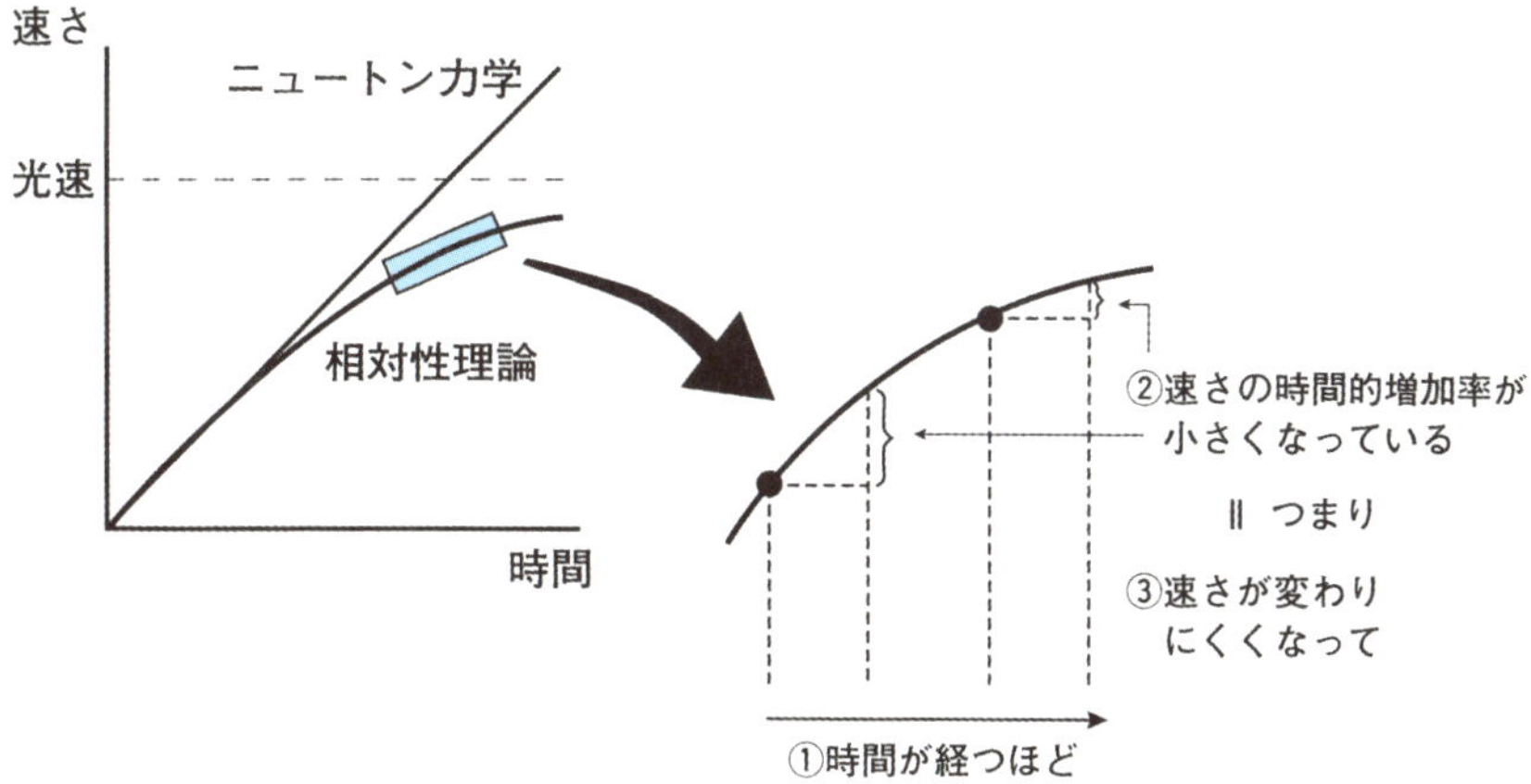
速さ
ニュートン力学
光速
相対性理論
時間
②速さの時間的増加率が
小さくなっている
‖ つまり
③速さが変わり
にくくなって
①時間が経つほど

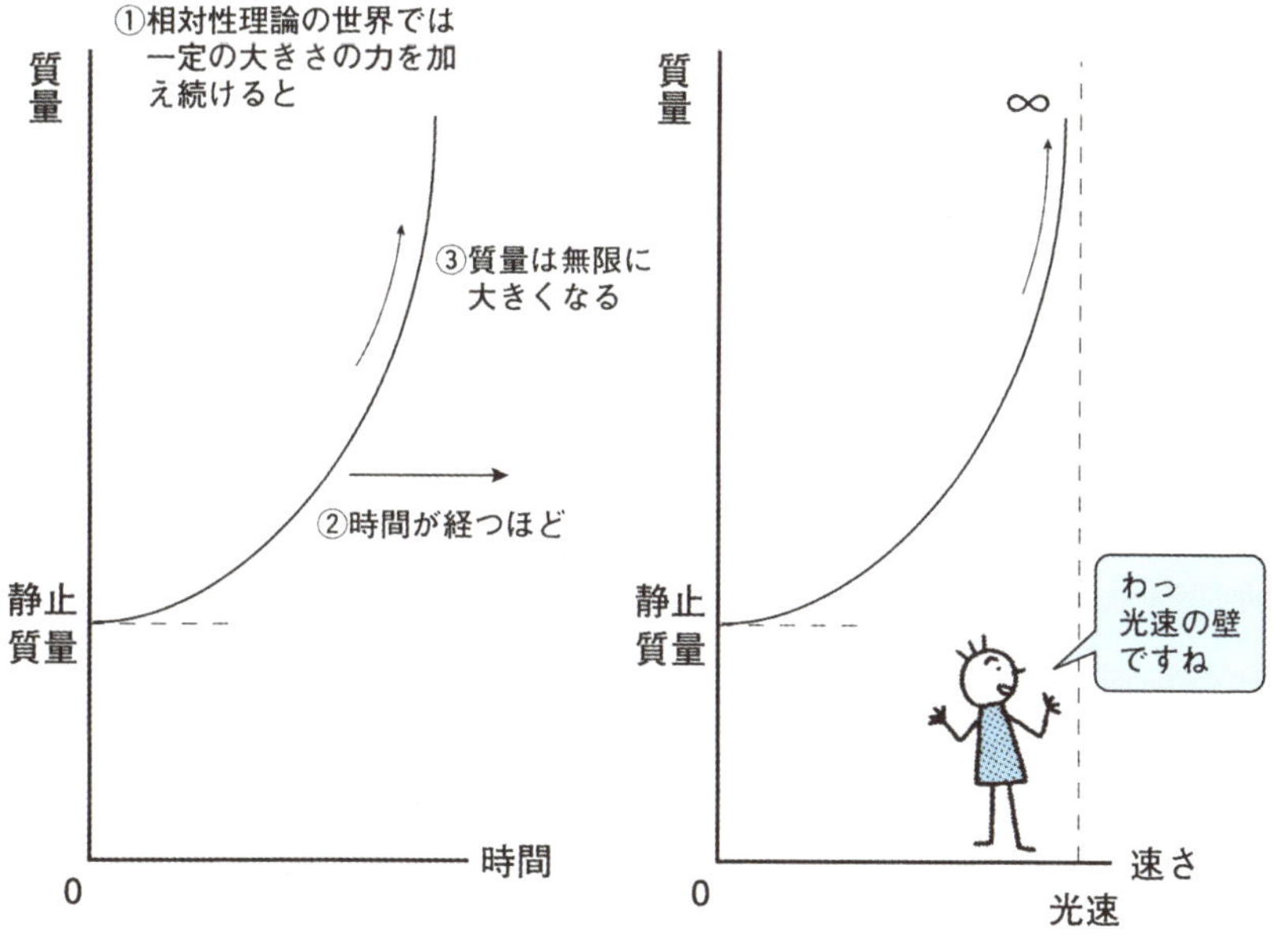
①相対性理論の世界では
一定の大きさの力を加
え続けると
質量
③質量は無限に
大きくなる
②時間が経つほど
静止
質量
0
時間
質量
∞
静止
質量
わっ
光速の壁
ですね
0
速さ
光速

エネルギーと質量の妖しい関係

エネルギーは質量を増やすのに使われる

物体に一定の大きさの力を加え続けることによって、物体に注ぎ込んだエネルギーを運動エネルギーとして物体がぜ〜んぶもらい受け、運動し続けるのが、ニュートン力学の世界。

美女にお金を注ぎ込むと、美女はそれをぜ〜んぶダイヤや洋服に消費しつくすようなもん。

それに対し、相対性理論の世界では、物体の速さがニュートン力学の場合より小さく、ニュートン力学の運動エネルギーに不足する。その代わりにニュートン力学では不変であった質量が、相対性理論で速さとともに増え、運動質量になる。運動質量とは、運動している物体の質量ということで、静止している物体の質量を静止質量というのと、ペアになっている。

食べた栄養が全部運動エネルギーとして使われずに、体の内部にためられていくのに似ている。

アインシュタインはこのように考え、エネルギーと質量を別々にとらえていた従来の考えを根本的に改め、物体に注ぎ込んだエネルギーは物体の質量を増やすのに使われたのであると主張し、**エネルギーと質量の同等性を発見したのだった**。

エネルギーが質量と同じであるといっても、エネルギーと質量は性質が違う。単位が違う。質量の単位はkgで、エネルギーの単位はジュールだ。ジュールとはニュートン力学の運動エネルギー［質量×速さの2乗÷2］からわかるように、kg×（m／秒）の2乗が単位だ。したがって、kgを単位とする質量に、ある適当な速さ（m／秒）を2乗した定数をかければ、単位もエネルギーも同じになる。次項へ。

エネルギー
質量
= × (?)
エネルギーの単位
質量の単位
(kg) × (m/秒)²＝(kg) × (?)
運動エネルギー
(1/2 mv²)
質量
速さ
それでいいのじゃ
なーんだか
強引ですね

なぜ$E=mc^2$なのか？

エネルギーと質量の関係は光速の2乗によって等置される

質量が速さとともに増えていく（50ページ参照）からには、質量と速さとは深い関係があるとわかる。

ニュートン力学では、質量と速さとをかけ合わせたものを運動量という。重〜い人が速く走れば運動の勢いはデカい。重さと速さの積は、その勢いを表したものだ。

アインシュタインは、空間と時間の概念を変えたからには、空間と時間とが結びついた速さも変わり、運動量の中身も変えなくてはいけないと考えた。以下、左ページでは$E=mc^2$がいかにして導かれたか、だいたいのところを感じとっていただければ幸いだ。

般若心経に「色即是空、空即是空」という8文字がある。「色」とは物質の世界、「空」とはエネルギーと解して、「アインシュタインは般若心経を科学的に証明した」という人がいる。まるで般若心経が$E=mc^2$を先取りしたかのようだが、私は違うと思う。**エネルギー（E）と質量（m）との関係が光速（c）の2乗によって等置される**、という量的関係こそ重要であろう。前項でエネルギーは質量×何らかの速さの2乗である、というところまで追いつめ、この項ではまさしくそれが光速であるとした。

この宇宙でありとあらゆる物質の質量の中に封じ込められている何かを解き放てば、エネルギーとなる。その何かにふさわしいものはといえば、この宇宙に普遍的に往《い》き来《き》する光をおいてほかにないだろう。物質とエネルギーの仲をとりもつのは光以外に何があるというのだ。原爆の中に閉じ込められるエネルギーの解放には、ピカッと光を伴《ともな》わずにはおかないのを見ても、それは腑《ふ》に落ちようというもの。

ニュートン力学では

運動量 = 質量×速さ

相対性理論では

$$運動量 = \frac{質量×速さ}{\sqrt{1-\left(\frac{V}{C}\right)^2}}$$

$$m_V V = \frac{m_0 V}{\sqrt{1-\left(\frac{V}{C}\right)^2}}$$

この式の両辺をVで割って

$$m_V = \frac{m_0}{\sqrt{1-\left(\frac{V}{C}\right)^2}}$$

（m_0: 物体の静止質量
m_V: 物体の運動質量）

また相対性理論では

$$E = \frac{m_0 C^2}{\sqrt{1-\left(\frac{V}{C}\right)^2}}$$

代入する

V = 0 のとき

$\sqrt{1-\left(\frac{V}{C}\right)^2}$ =1 となり

$E = m_V C^2$ 　　 $E = m_0 C^2$

合体して

$$E = mC^2$$

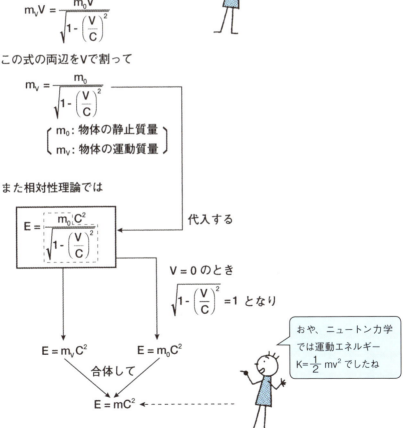

四次元時空へようこそ

四次元幾何学として表現される

アインシュタインがチューリッヒ大学で学んだ先生にミンコフスキー（1864〜1909年）という人がいる。アインシュタインはミンコフスキーにあまりパッとしない学生と思われていたようだ。特殊相対性理論の論文を読んだミンコフスキーは「これは本当に彼の書いた論文か」とびっくりした。

ミンコフスキーは、特殊相対性理論を四次元幾何学として表現した。

ニュートン力学では、一次元の時間とそれと無関係な三次元の空間を物理現象の舞台と考えていたが、相対性理論以降、両者をひとまとめにした四次元の時間・空間という広がりを物理学の舞台と考えることになる。その広がりを「**四次元時空**」とか「**四次元時空連続体**」とか「**四次元世界**」とかいう。我々がその形を描いたり想像したりすることは不可能で、数式を使って表現するしかない。

時間と空間は異なる点もあり、時間tを左ページで示すようにu=ictの形で書いて初めて、時間と空間座標が同じ形で現れることになる。こうすると、とくに特殊相対性理論では、すべての式は簡略化され、美しくなる。しかし、常人には特殊相対性理論を一層難しくするもので、中学の数学までをもとに相対性理論を誰でもわかるようにするという本書の目的にそぐわないのでこれまで言及しなかった。

ところが、ミンコフスキー空間が一般相対性理論のために重要な基礎となる。アインシュタインは重力のない、特殊相対性理論の世界では平坦《へいたん》なミンコフスキー空間の歪曲《わいきょく》によって、重力場のある、一般的相対性理論が築かれると考える。問題はどう歪曲しているか、である。（↓P102）

ミンコフスキー空間への歩み

1次元の世界(直線) ------- ただ1つの数(x)で点の位置が定まる

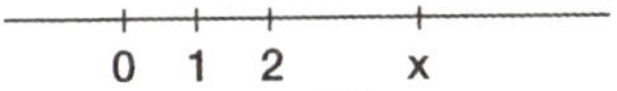

2次元の世界(直線) ------- 2組の数(x,y)で点の位置が定まる

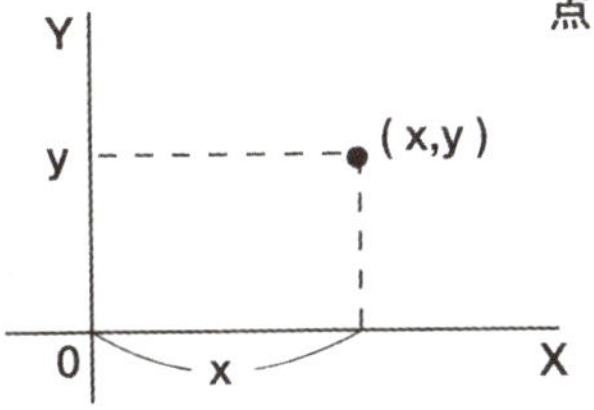

参考

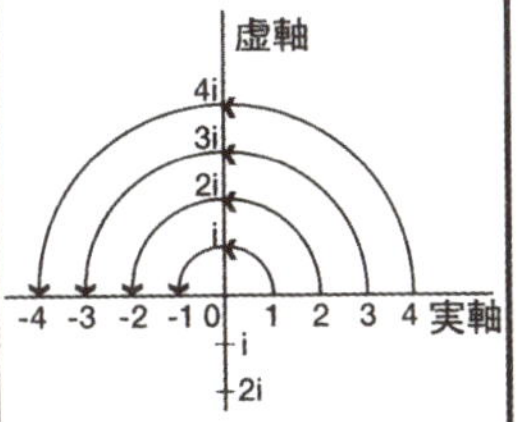

$4 \times (-1) = -4$
$3 \times (-1) = -3$
$2 \times (-1) = -2$
$1 \times (-1) = -1$
$\times(-1)$は180°回転
$1 \times i \times i = -1$
$\times i$は90°回転
$i = \sqrt{-1}$

3次元の世界(立体) ------- 3組の数(x,y,z)で点の位置が定まる

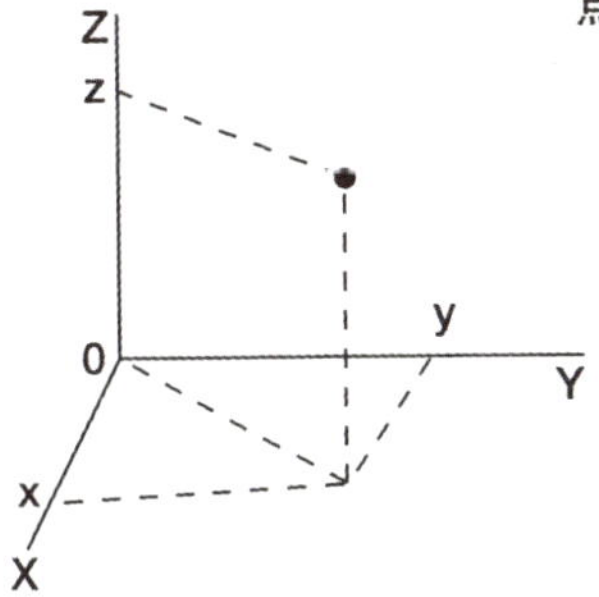

4次元の世界(ミンコフスキー空間) -----4組の数(x,y,z,u)で点の位置が定まる

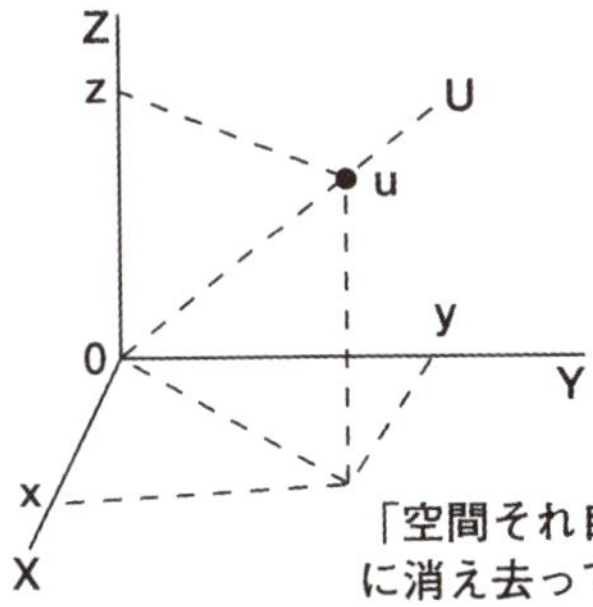

ミンコフスキーはローレンツ変換を
$x^2+y^2+z^2+u^2$=不変
ただし、$u = ict$
$i = \sqrt{-1}$
C：光速
t：時刻
とする擬回転として表わして、
「空間それ自身、そして時間それ自身は、単なる影の中に消え去っていく運命にあり、この2つのある種の総合のみが独立する実在であり続けるだろう」(ミンコフスキー)といった

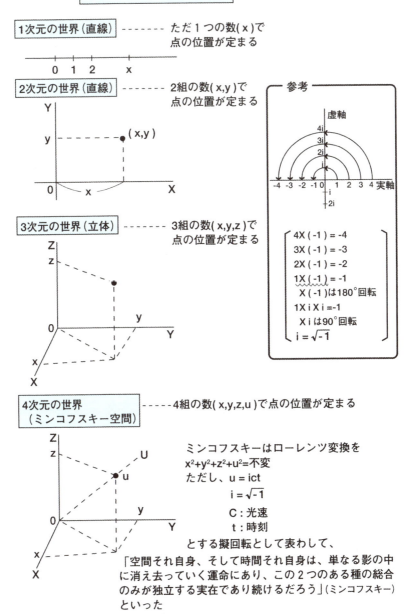

column 2

アインシュタインの生涯②

～ドイツからの脱出とイタリア、スイスの生活～

1880年代、ドイツは電気と化学を中心に工業化が急速に進展し、勝ち組と負け組の格差も広がり、社会は混乱した。そういうときはドイツの常で、反ユダヤの声がかまびすしかった。級友たちは登校時、アインシュタインをいじめたり、悪口を言ったりしている。

それでも、アインシュタインに温かい家庭がある限り、精神の安定は保たれていた。ところが、長期不況のただ中で、状況が激化し、交流を大規模に操《あやつ》るシーメンス等の大企業が躍進し、直流にこだわるアインシュタイン家の家業が立ち行かなくなった。一家は卒業間際のアインシュタインを学校に残して、イタリアのミラノへ引っ越した。

しかし、彼は孤独に耐えられず、ギリシア語の丸暗記中心の授業にも我慢ならず、中学校《ギムナジウム》を中退したばかりでなく、家族の後を追い、ドイツ市民権まで捨てる。

ドイツを捨てたアインシュタインは、イタリアの家族のもとで気ままに楽しい生活を過ごした。しかし父の事業がまたも倒産。パヴィアに引っ越したが、またまた倒産。アインシュタインは父のすねをかじり続けるわけにもいかず、中等学校卒の免状がなくても入れる学校を探す。

学校はすぐに見つかった。スイスのドイツ語圏の非ドイツ系であるチューリッヒ高等工業学校（のちのチューリッヒ工科大学）である。試験には失敗したが、数学と物理が最高得点で、校長は「どこかの中学校を卒業すれば1年後に入学させる」と言ってくれた。そこでスイスのアーラウにあるアールガウ州立学校に編入学した。下宿先も州立学校の教授の家で、温かい雰囲気だった。アインシュタインはその娘と初恋に落ちた。こうした環境のなかで、アインシュタインの気分は高揚《こうよう》し、「光とともに飛ぶ」白昼夢を見た。

第3章

量子力学とともにミクロの世界へ

時間の遅れをジェット機で調べた男

相対性理論の予言を証明した実験

１９７１年、ジョセフ・ヘイフェルとリチャード・キーティングという2人のアメリカ人がセシウム原子を使った原子時計を4台、ジェット機に積んで約1万mの上空を20時間ぐらい飛行した。ワシントンに置かれた地上の基準時計と、ジェット機に積んだ原子時計とに差が生じるかどうかを見ようとしたのだ。時間の遅れについては、２つの効果がある。ひとつは**運動している物体は時間がゆっくり進む**という特殊相対性理論の効果。もうひとつは**地表から離れている物体は時間が速く進む**という一般相対性理論の効果（後述）である。

ジェット機の速さは時速９００㎞。地球の自転は赤道上で時速１６６７㎞、新幹線の8倍くらいの速さだ。地球の自転に対して赤道上を東回りに飛ばすと、〈地球の自転速度＋ジェット機の速度〉でより速くなる。西回りだと、その差となるので非常に遅い速さになる。ということは、西回りの場合、地球の自転よりも遅く運動し、速さの効果で時間は地上の時計よりも速く進む。しかも、高いところを飛ぶことで、やはり時間は速く進む。その結果、20時間の飛行によって、ジェット機の時計は２７０ナノ秒進む計算になる。ナノ秒というのは1秒間の10億分の1のことだ。

一方、東回りのジェット機では、地球の自転より速く運動するので、時間はゆっくり進む。ところが、高いところを飛ぶことで、時間は速く進む。その結果、差をとると時間はゆっくり進み、約40ナノ秒ほど遅れる。実験の結果は、相対性理論の予言とピッタリ合っていた！

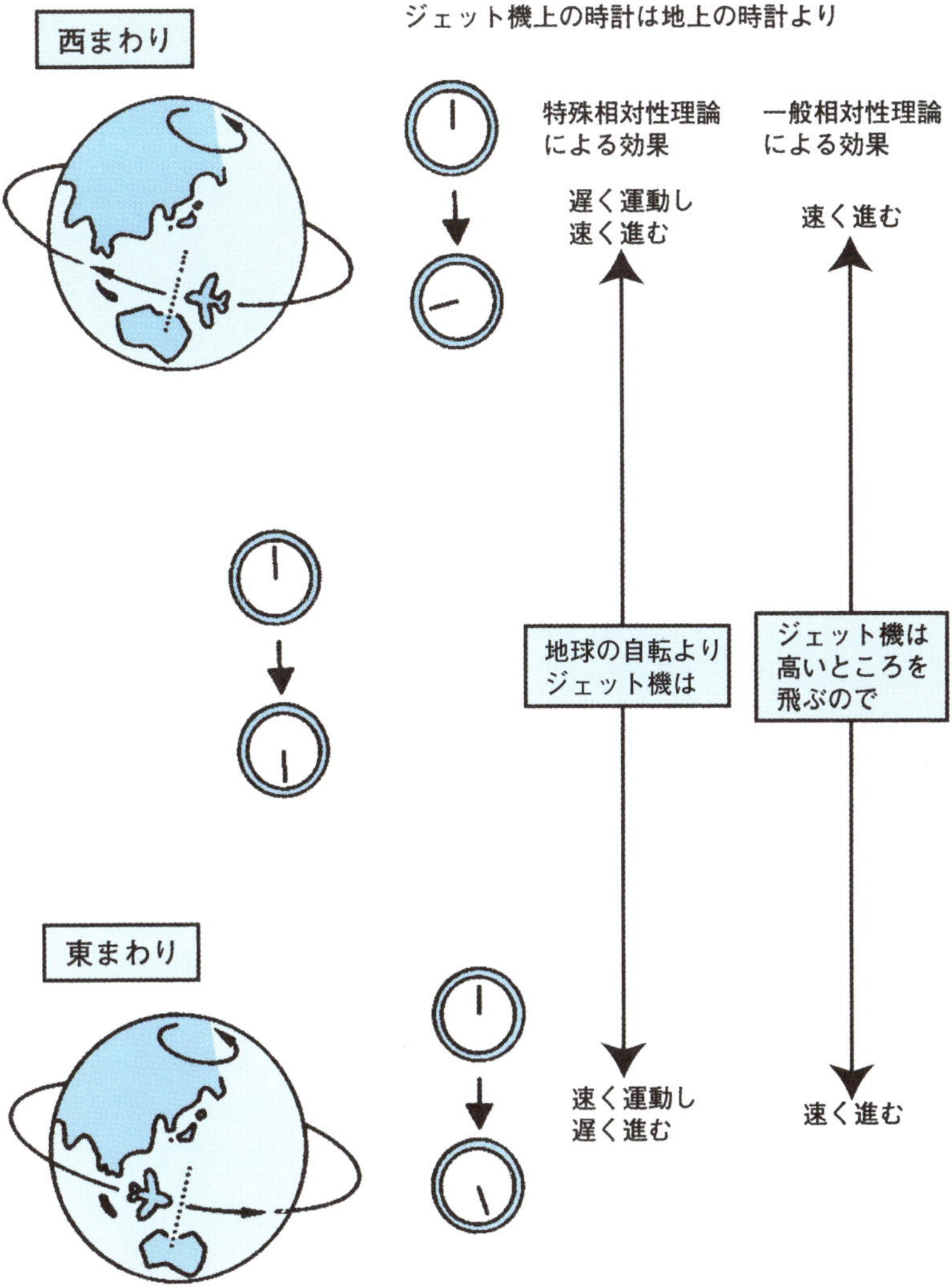

西まわり
ジェット機上の時計は地上の時計より
特殊相対性理論による効果
一般相対性理論による効果
遅く運動し速く進む
速く進む
地球の自転よりジェット機は
ジェット機は高いところを飛ぶので
東まわり
速く運動し遅く進む
速く進む

宇宙線の秘める謎

宇宙からやってきた素粒子の運命

原子は、電子などの素粒子から構成される。**素粒子とは物質を構成する基本的な粒子**という意味だ。素粒子にはそれらのほかに数十種類あることが知られる。しかし身のまわりに普通に存在しているものはそんなに多くない。それというのも、大部分の素粒子がごく短い時間で、ほかのよく知られた複数の素粒子に変化してしまうからだ。

たとえば、μ粒子（ミューオン）という素粒子は、この世に誕生して約2マイクロ秒という平均寿命で、電子と2つのニュートリノに崩壊して、自分は死んでしまう。1マイクロ秒は1秒の100万分の1という短さだ。その**ミューオン**が宇宙からやってくる。宇宙には宇宙線がやたら飛んでいる。恒星（太陽のように自ら光を放つ星）が歳をとると、最後に爆発を起こしたりするが、その際などに宇宙線が放出される。宇宙線は、宇宙空間に存在する高エネルギーの放射線や、それが地球の大気中に入ってきてできる放射線のことだ。

宇宙線のほとんどは陽子だが、大気中で空気分子とぶつかり、**パイ中間子、電子、陽電子**などがつくられる。さらにパイ中間子がすぐにミューオンに変わるのだ。

光速30万㎞／秒に100万分の2秒をかけると、0・6㎞にしかならない。大気圏の一般的な厚さは100㎞ほど。大気圏に突入すると間もなく崩壊し、とても地上には届かないハズ。ところが、1㎠あたり毎秒100発ぐらい地表に衝突している。いったい、どうしたわけか。次項へ急がれよ。

宇宙線の中の素粒子

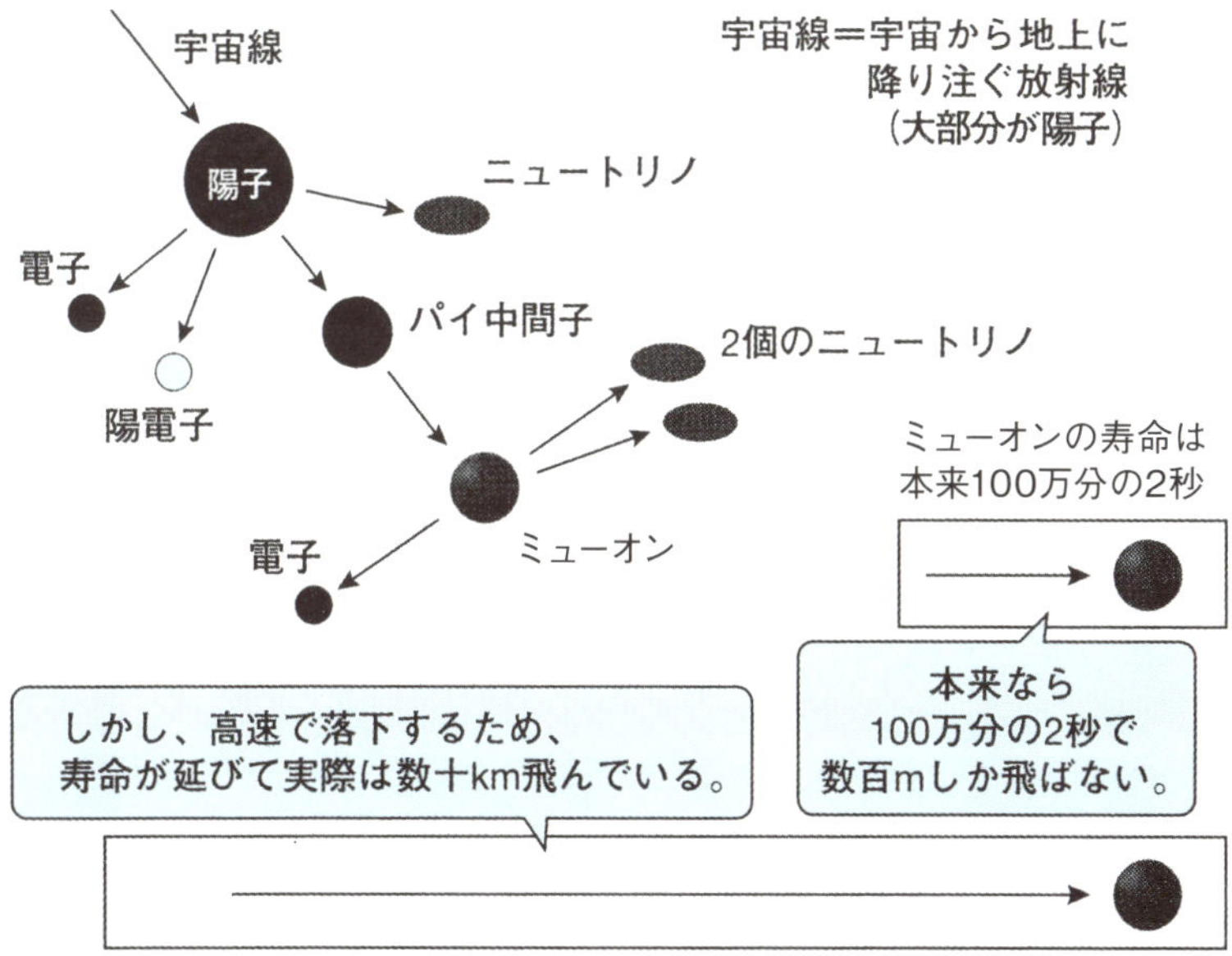

ミューオンが光速度の99.94%で動いたとすると……

$$\frac{C}{V} = 0.9994 \text{のとき} \quad \frac{1}{\sqrt{1-\frac{V^2}{C^2}}} = \text{約29倍}$$

時間の進み方が遅れるので、ミューオンの寿命が約29倍に延びる

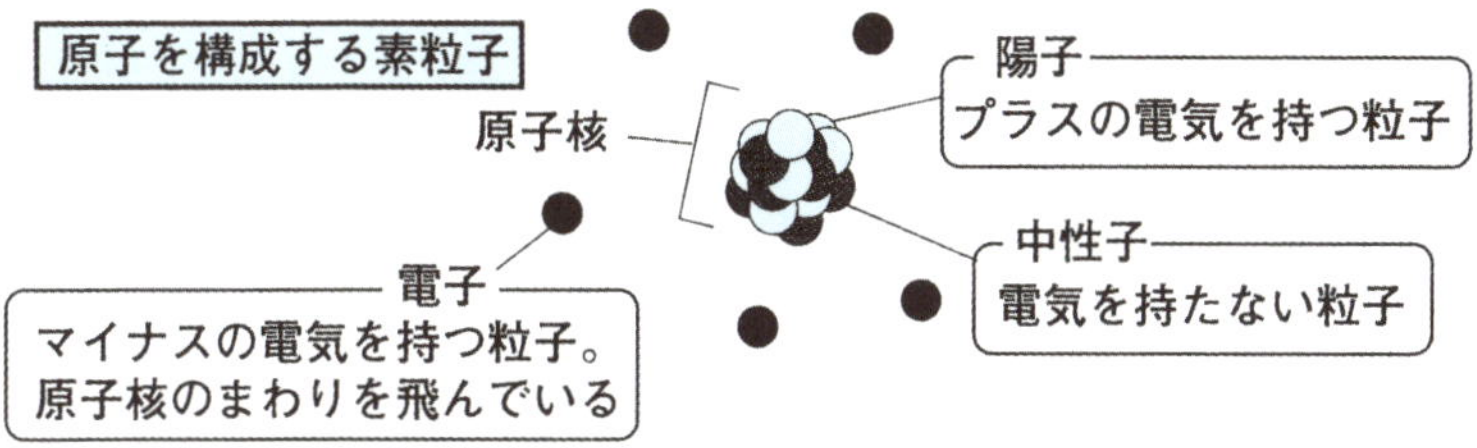

自然界には、この他にも数十種類の素粒子が存在する

相対性理論は生命進化にも貢献

ミューオンの寿命の延びを証明した実験

湯川秀樹博士がその存在を予言してノーベル賞を受賞したのが、中間子。まさに1937年にそれが観測されたと思われ、中間子と名づけられた。しかし、中間子ではなく、電子の仲間であることがはっきりし、ミュー粒子（ミューオン）と改められた。宇宙から飛来する宇宙線は大気の分子と衝突して、多くの2次宇宙線を発生させて地上に降り注ぐが、2次宇宙線の多くがミューオンなのだ。その寿命には人間と同じでばらつきがあるが、平均寿命は決まっていて、100万分の2秒。その寿命では0・6㎞しか進めないはず。大気圏の厚さからすると、地上には届かないはず。ミューオンが高速で地表に降ってくるので、地上から見ると、特殊相対性理論の効果で時間がゆっくり進み、寿命が延びて見えるからなのだ。

ミューオンの立場に立つと、平均寿命は100万分の2秒のままだが、大気上空から地上までの距離が特殊相対性理論の効果により縮まり、多くのミューオンが地上に到達できることになるともいえる。その結果、生物の遺伝子にぶち当たって突然変異を起こし、生命進化にも役立ってきたといわれている。ミューオンは物質をよく透過するが、その際物質の密度や透過距離に応じて吸収されたり、方向を変えたりする性質がある。そのため火山やピラミッドの内部調査に使われる。福島第一原発の原子炉の透視にも使われ、画像が公開された。

ミューオンの寿命の延びは、加速器（次項）を使った実験でも確かめられている。スイスのジュネーブにあるＣＥＲＮ（欧州素粒子物理学研究所）で、１９７６年に行なわれた実験だ。

ミューオンを光速の99・９４％にまで加速して貯蔵リングに貯めておき、崩壊するときにつくられる電子を観測して、その半減期を測定した。

なお平均寿命は半減期の１・４４２７倍で定義される。半減期は崩壊により粒子の数が半分になる時間だ。この実験で、ミューオンの半減期は44マイクロ秒で、静止している場合の28・９倍であり、相対性理論の予言通りであった。

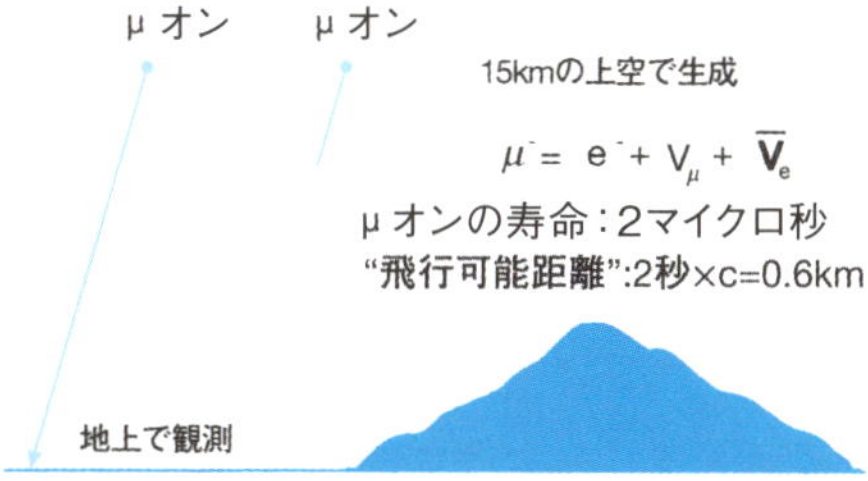

相対性理論の実験的証拠（1）：ミューオンの寿命

＜参考＞
1マイクロ秒とは、$\frac{1}{100万}$ 秒のこと

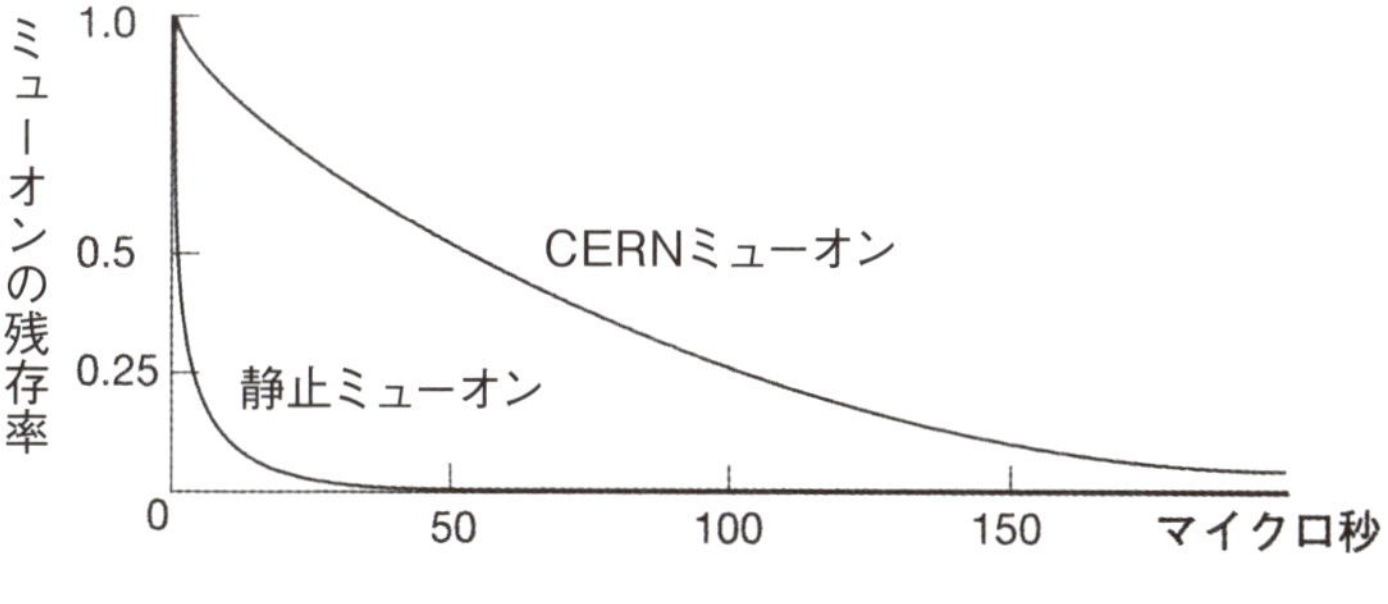

相対性理論の実験的証拠（2）：ミューオンの崩壊曲線

＜参考＞
残存率は、確率の一種。
残存率1は全てが残存し、残存率0.5は初めの半分が残り
残存率0は何も残っていないことを意味する

加速器は宇宙創生の謎に迫る機械

エネルギーを物質に変換させる!!

特殊相対性理論にもとづいて設計された巨大な機械、というか装置がある。**加速器**である。超伝導磁石をいくつも並べ、複雑な電場と磁場の助けを借りて、**電気の力で電気をもった粒子を加速することによって、ほとんど光速に近いところまで粒子を加速する装置だ。**

電子の場合、光の速さの0・999999999倍と、0のあとに9が8つも並ぶほど、光の速さに近くまで加速させられる。電子よりずっと重く、電子の1840倍の質量がある陽子では、光速の0・997倍まで速度を上げられる。速度を上げるには多くのエネルギーが必要となり、そのエネルギーのほとんどが、陽子の質量へと変換してしまう。その結果、陽子の質量は静止した状態の約13倍になった。それはアインシュタインの見出した式$E=mc^2$から導かれる値にピタリであった。

特殊相対性理論に基づいて設計した加速器が、目的通りに作動するということは、特殊相対性理論が正しいことを実証している。アインシュタインの式は、物質の質量をエネルギーに変換できると示しているだけではない。その逆のプロセス、つまりエネルギーを物質に変換できるとも述べている。たとえば、質量をもたず、エネルギーだけを有する光の粒子（光子）を加速器の中で衝突させることで、物質粒子をつくりだすことができる。このことは、宇宙物理学者に宇宙の進化の起源、いわゆるビッグ・バンのときの物質創生について、いろいろと考える手がかりを与えた。加速器は、この宇宙が誕生したときの状態を探る探査機でもあるのだ。

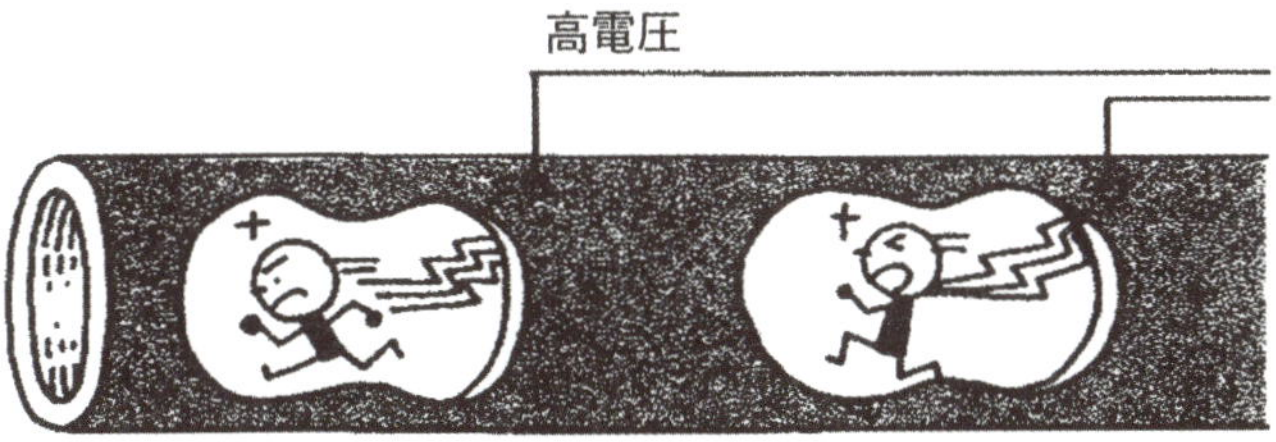

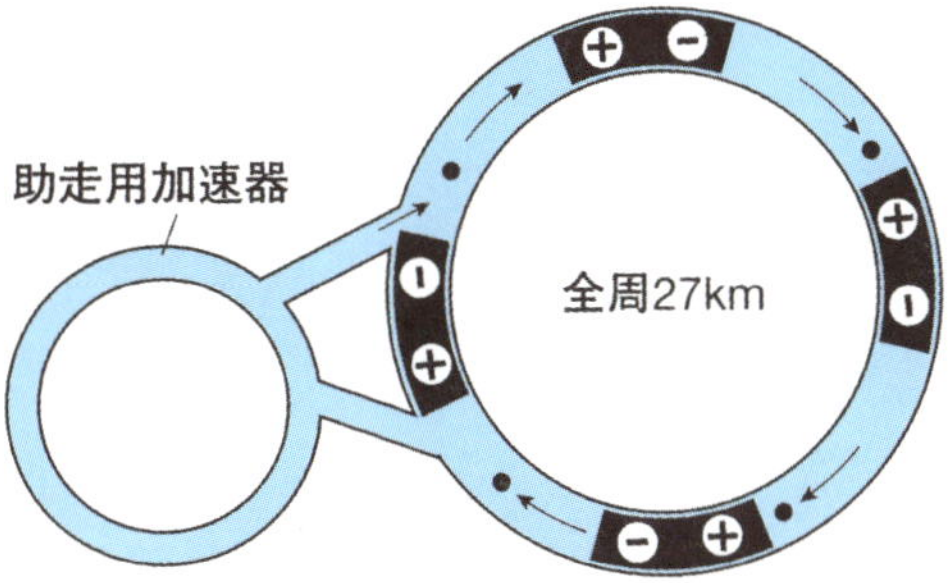

陽子を高速に近づけると、
質量が約13倍になった

がん治療にも役立つ特殊相対性理論

相対論的時間の遅れがもたらす不思議

前項でチラリと触れた宇宙創生から、今度はより身近ながん治療へ話を移そう。がん細胞に放射線をあてて殺してしまう治療は、抗がん剤を使う化学療法より副作用も少なく、かなり前から行なわれている。この放射線療法のひとつに、パイ（π）中間子をあてるものがある。そう、湯川博士が予言した中間子の一族だ。しかし、パイ中間子の寿命はもともと1億分の1秒くらいで、保存できない。このままでは、照射するごとに、いちいちつくらなくてはならない。費用がかさばる。

そこで、パイ中間子を加速器の小型版である**ストレージ・リング**という貯蔵庫の中を光速に近い速度で円運動をさせてやる。こうすると1～2カ月の寿命をもたせて貯めておくことができる。特殊相対性理論による時間の遅れの効果にほかならない。

パイ中間子（左ページ）は壊れて、エネルギーの高い光であるガンマ線になる。パイ中間子は、ほとんど光速で動いているときでも、放出される光も光速で進む。日常の考え方でいけば、ほぼ光の速さで運動しているものから前方へ光速で光が出たら、光速のほとんど2倍になるはずが、そうはなっていないことが確かめられた。光速度不変の原理が検証されたのだ。

加速器がどんどん大規模になり、国の予算を大食いするのは、加速すればするほど素粒子は限りなく質量が大きくなり、さらに加速するのはエネルギーをさらに大きくする必要がある、という特殊相対性理論の効果のせいなのだ。加速器にはそれだけの価値があると思うが、あなたはどう考える？

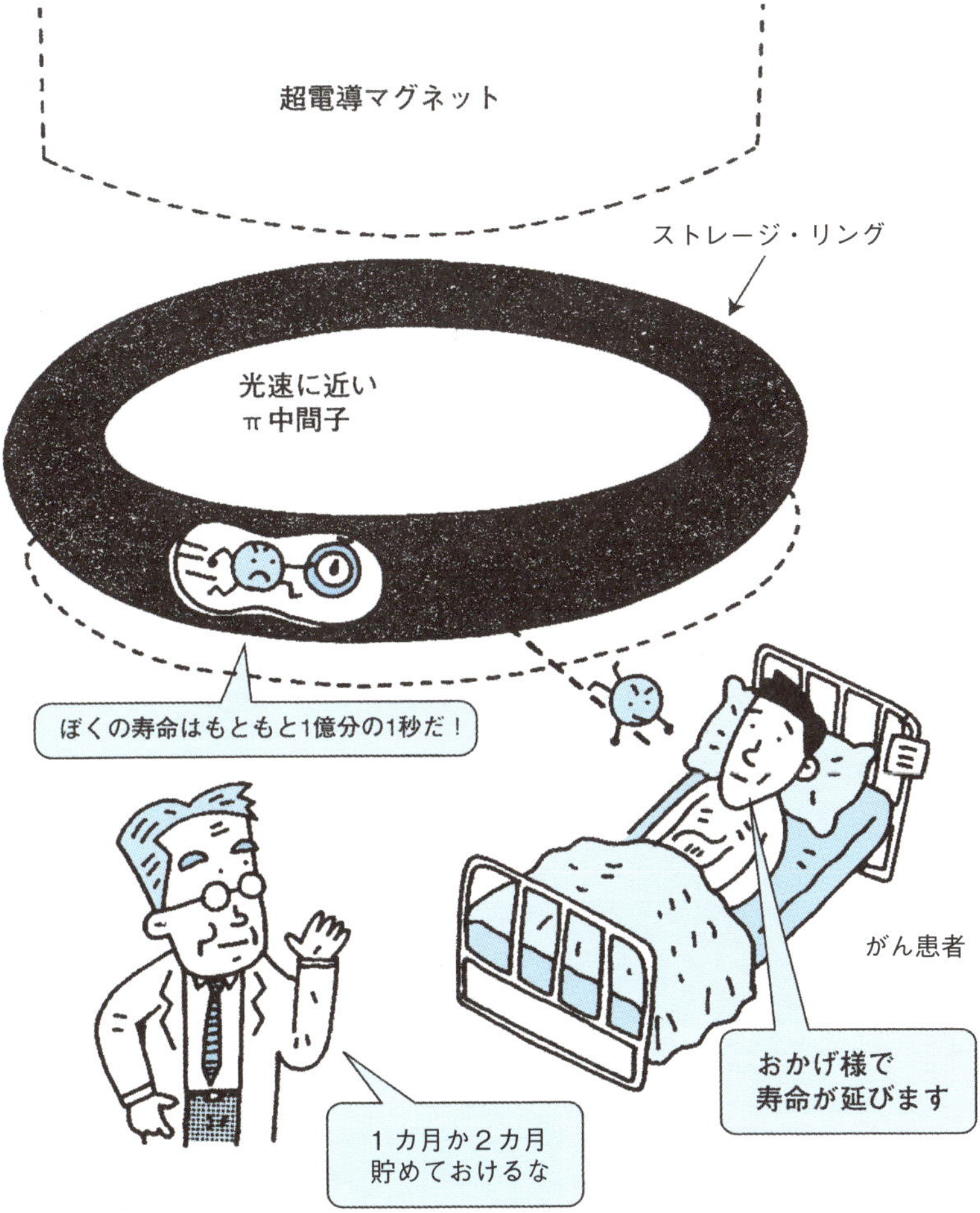

湯川博士の中間子モデル

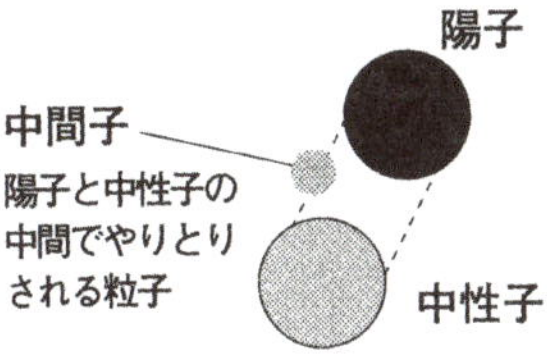

3種類の放射線

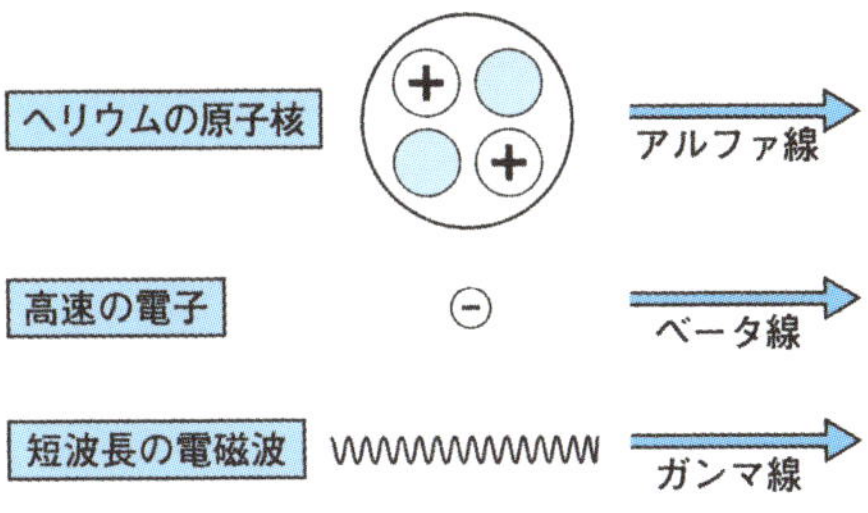

20世紀以降の文明は相対性理論なくしてあり得ない！

相対性理論が生みだしたもの①

我々の身のまわりでいちばん速いものは、な〜に？

地球だ。太陽のまわりを秒速30㎞で回っている。それでも秒速30万㎞の光速と比べて、1万分の1。現代の物質文明が誇る新幹線も、ジェット機も、人工衛星もそれ以下。我々の目に見えるものでいちばん速い地球でも、特殊相対論的効果はほとんど現れない。

しかし、目に見えないような原子や、それより、さらに小さい素粒子の世界は「ミクロ」の世界というが、そこまで物質の階層を降りていけば光速にぐんと近い速さで動いているものはいくらでもある。

たとえば電気を運ぶ電子がそれ。X線の発生装置、あるいは加速器などの中では粒子は電気的に

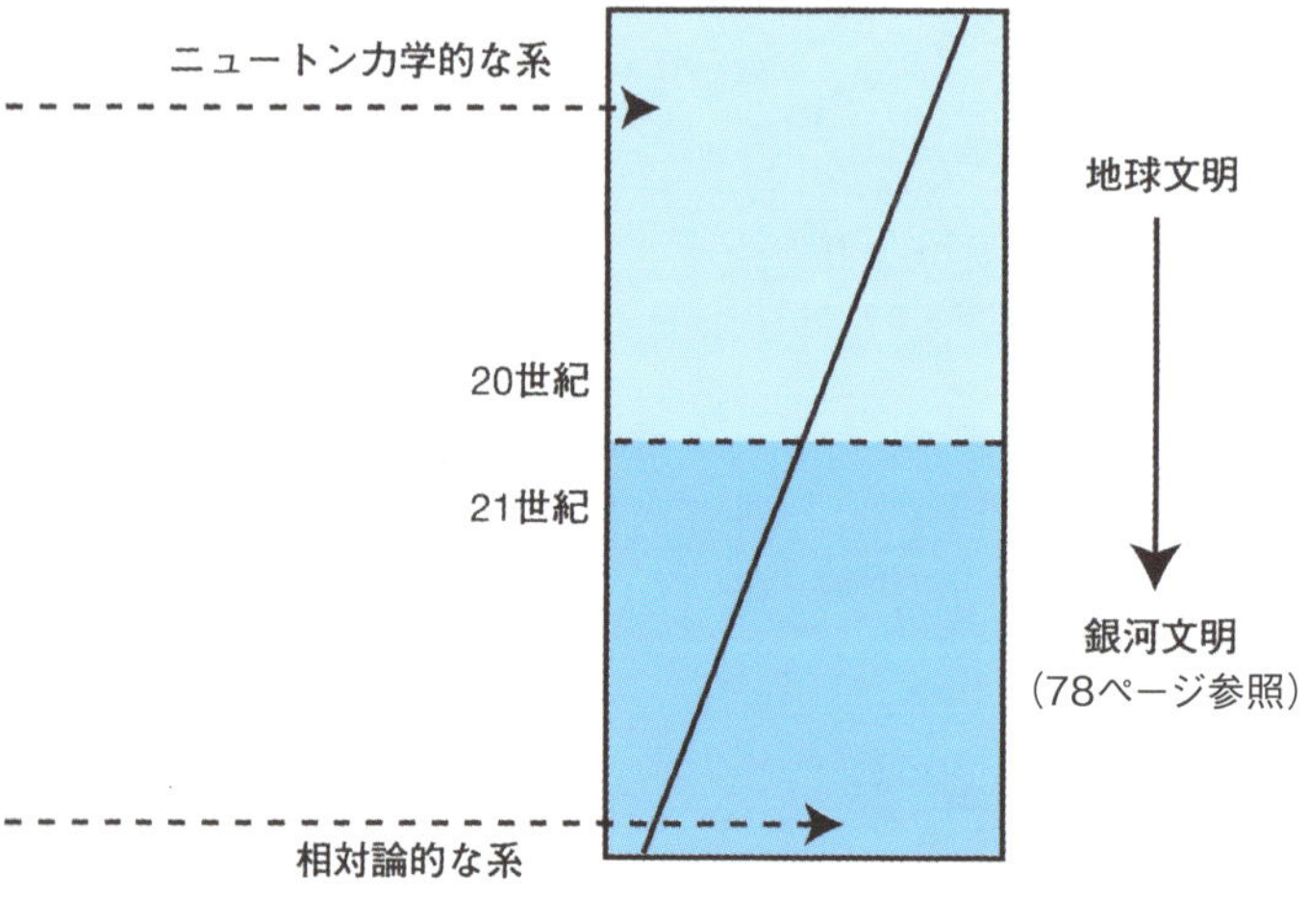

非常に速いスピードに加速される。こうした**ミクロの世界では、特殊相対性理論の効果がはっきり現れる。**

相対性理論は量子力学と並び、20世紀物理学を支えた2大基礎理論となった。テレビやコンピュータの電子、X線などの医療装置、原子力の利用などの技術は、相対性理論と量子力学が登場し、物理学の考え方が大きく変わらなかったならば、すべて存在しなかったのだ。

ニュートン力学は、物体の速さが光速に比べて十分小さい場合には十分正しく、現代の物質文明はニュートン力学によって支えられている。しかし、たとえば新幹線もジェット機も、コンピュータや通信機器なくしては動かず、その内部のシステムでは電子や電波が忙《いそが》しく立ち働いている。テレビのモニターはニュートン力学的な系と相対論的系とのインターフェースなのだ。

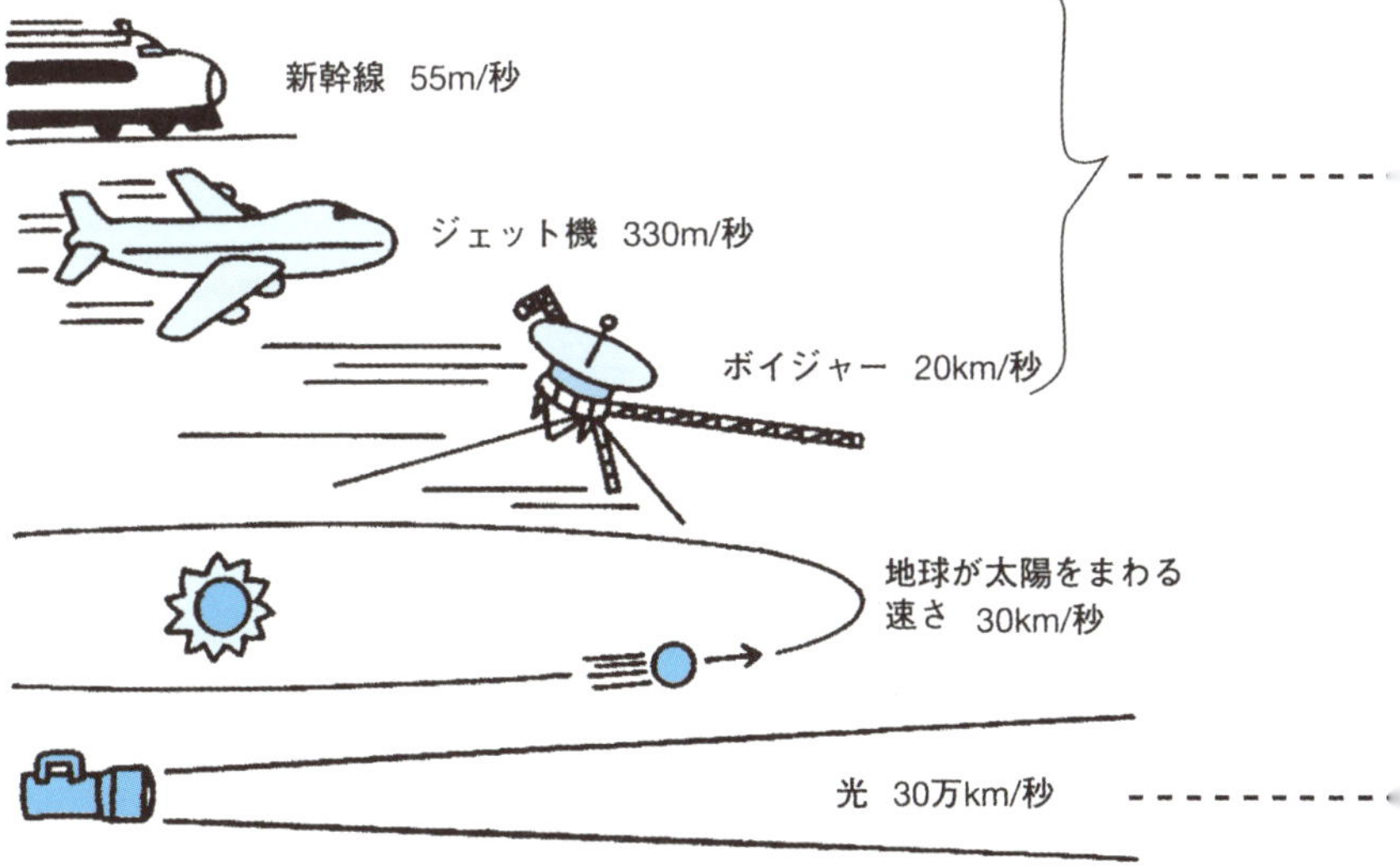

原発と原爆の相対論的世界

相対性理論が生みだしたもの②

特殊相対性理論の効果を実用化した装置は、加速器だけではない。案外知られていないが、実は**原子力発電**もそうなのだ。ただし、加速器ではエネルギーの多くが加速するより質量の増大に使われてしまうのに対し、原発では質量からエネルギーへの転換が行われる。その意味では、原発は逆加速器といえる。

アインシュタインが質量とエネルギーが互いに交換できるという発見をするまで、質量とエネルギーとは別々の概念だった。アインシュタインによる発見以降も、原子核から実用的なエネルギーが引き出せるとは誰も考えなかった。核反応を起こすのに必要なエネルギーが、核反応で放出されるエネルギーよりずっと大きかったからだ。

しかし、１９３８年、ドイツのオットー・ハー

ウランの核分裂

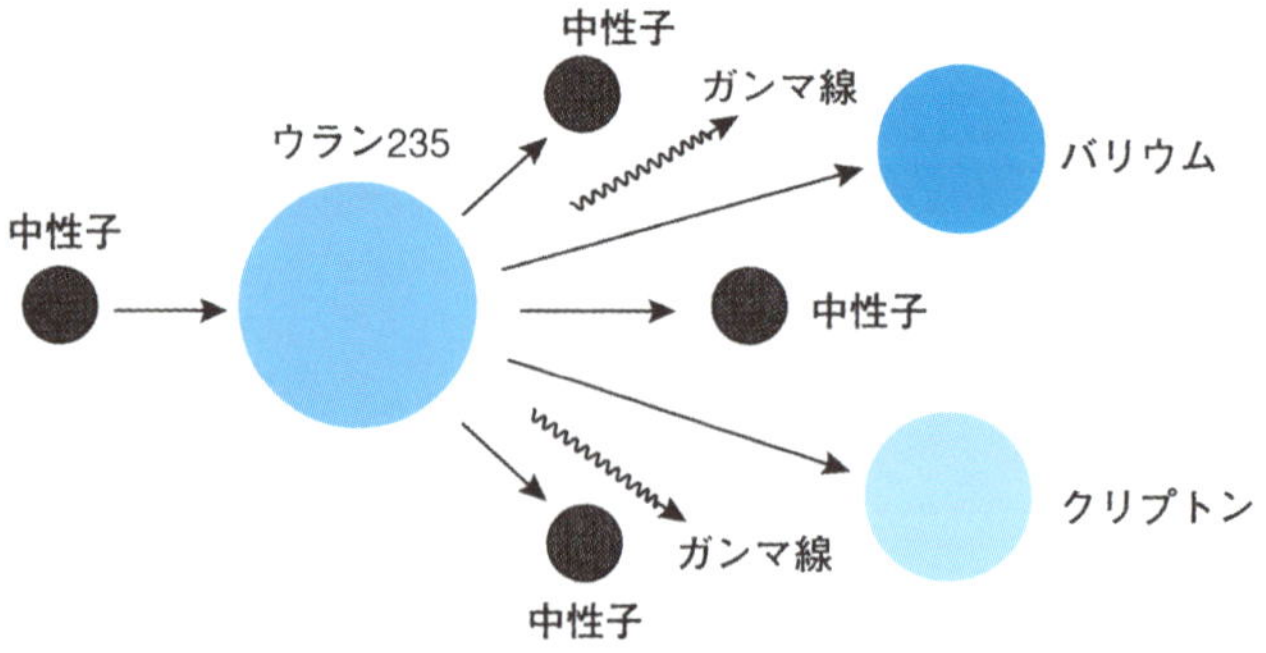

ンたちがウランに核分裂を起こして、物理学者たちの間に一大センセーションを巻き起こした。

なお、ウランには3種類の同位元素（陽子の数が同じで、周期表では同じ位置にあるが、中性子の数が違う元素）があり、核分裂を起こすのは、そのうちの**ウラン235**という元素で、天然ウランには0・7％しか含まれていない。

ウラン235に遅い中性子をあてると、中性子をのみこんだ原子核はひょうたん形に変形し、ちぎれて2個に分裂し、2、3個の中性子を放出する。そのどれかが別のウランにあたり、これを分裂させる。すると、そのウランからまた中性子が生まれ……、とウランの核分裂が続く。

このウランの連鎖反応を急激に起こせば、**原子爆弾**となる。連鎖反応をコントロールして、核分裂がゆっくり行なわれたのが原子炉で、それが原子力発電に使われている。

ウランの連鎖反応

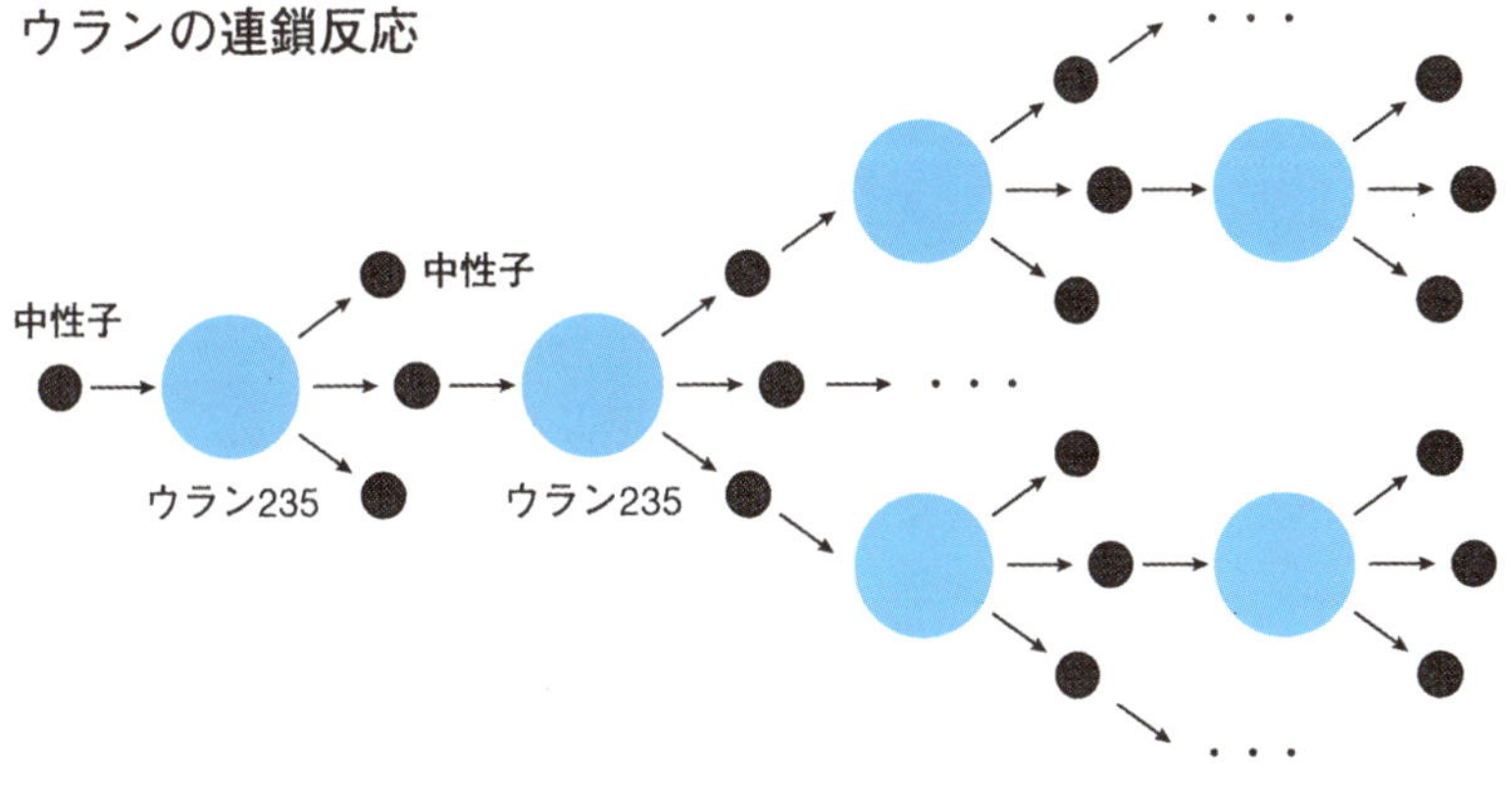

太陽エネルギーのおおもとは核融合

核分裂も核融合も同じ原理だ

前項で核分裂の原理を説明した。ここでは核融合も、アインシュタインの質量とエネルギーの同等性によることを説明しよう。

左ページに、水素原子4つの陽子がお互いに結合し、ヘリウム原子核ができる過程を図解した。もとの陽子4個と比べて、ヘリウム原子核の質量は0・4％減少して、その質量差にあたるエネルギーが放出される。光輝く太陽エネルギーのおおもとは、この**核融合**である。しかし、原子核が融合しても、分裂しても、エネルギーが放出されるのは、おかしいと思いませんか。

もろもろの元素の中で、原子核がいちばん安定しているのが、鉄だ。鉄より軽い原子の核は融合するときのエネルギーを放出し、反対に鉄より重い原子の場合は核が分裂するときエネルギーを放出するしかけになっている。鉄より重い原子核では、原子核が大きくなるほど、核の結合がゆるくなっていく。天然にある元素の中ではウランの原子核がもっとも大きく、結合ももっともゆるい。分裂したあとのバリウムなどの質量欠損の合計より、ウランの質量欠損は少ない。

核分裂の前では質量欠損が小さく、あとでは質量欠損の和が大きい。質量欠損は、原子核の総合エネルギーが質量の減少という形で現われる。この分裂前後の質量欠損の差が、核分裂のエネルギーを生み出すのだ。

また核エネルギーが、石油を燃やすときなどに出る化学反応よりケタ違いにドデカいのは、核力が電磁気力よりケタ違いに強いからなのだ。

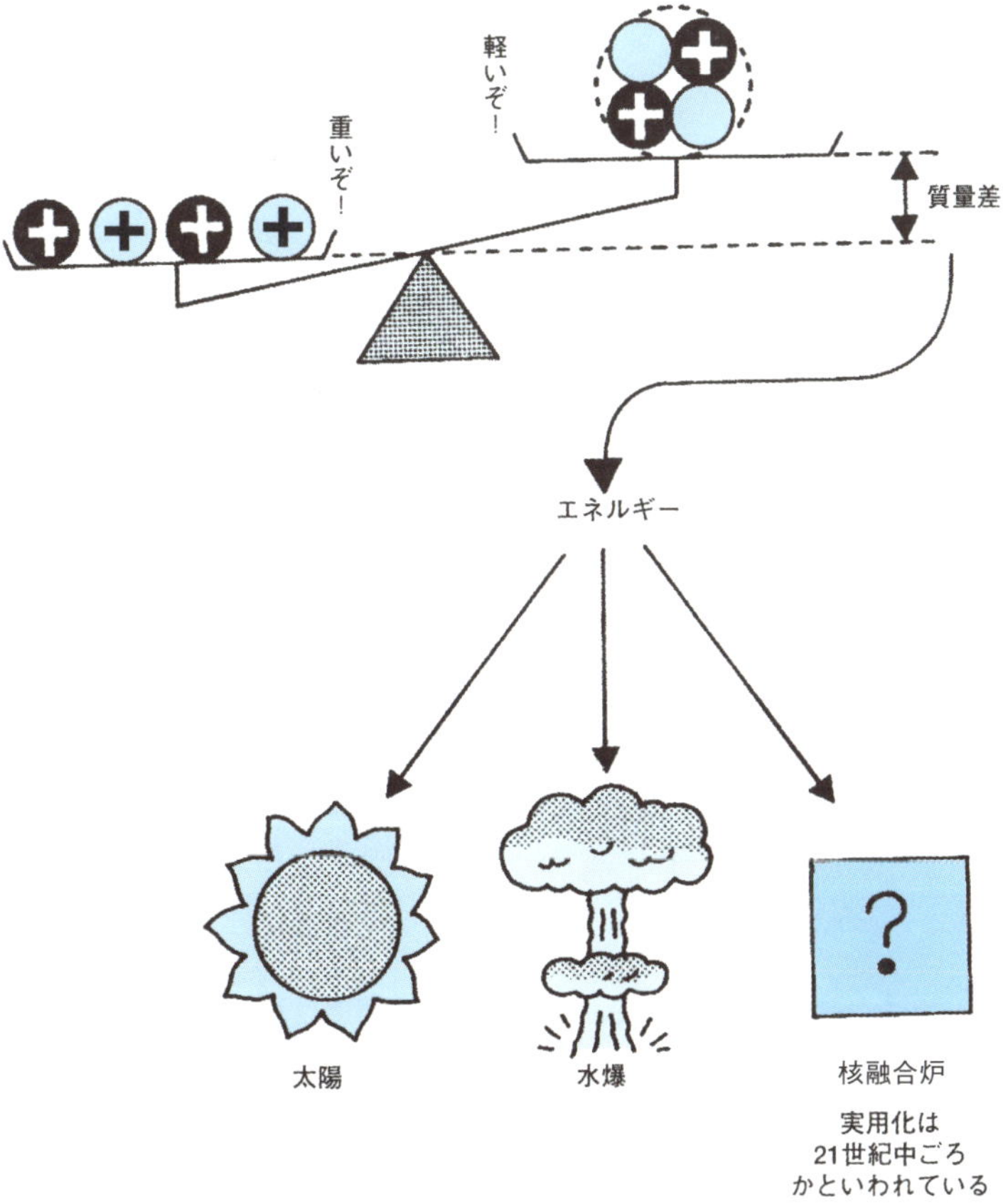
軽いぞ！
重いぞ！
質量差
エネルギー
太陽
水爆
核融合炉
実用化は
21世紀中ごろ
かといわれている

「地上に太陽を」!?

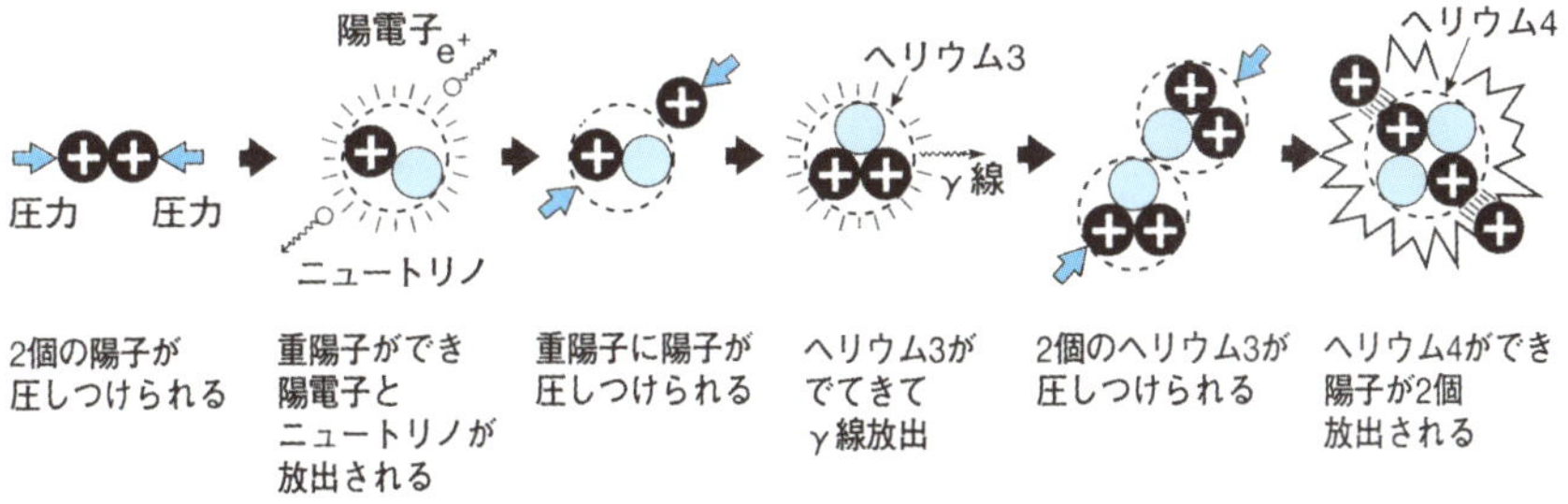
圧力
圧力
陽電子
e^+
ニュートリノ
ヘリウム3
γ線
ヘリウム4
2個の陽子が
圧しつけられる
重陽子ができ
陽電子と
ニュートリノが
放出される
重陽子に陽子が
圧しつけられる
ヘリウム3が
でてきて
γ線放出
2個のヘリウム3が
圧しつけられる
ヘリウム4ができ
陽子が2個
放出される

銀河旅行を可能にする？相対性理論

原理的には可能な技術は実現する

銀河系には水素ガスなどの星間物質が満ち満ちている。この星間物質を遠い星々への宇宙旅行に使おうと考えた男がいる。アメリカのバッサードが1960年に発表した。左図で示したように、**星間物質を吸入口で吸収し、核融合炉でエネルギーに変換し、その残りを噴射物質とし噴射して推進しようというもの**だ。そう、前項で説明したように、核融合には特殊相対性理論が使われている。

これにより、地球表面上の重力による加速度（1G）で宇宙船を加速し続けることが、原理的に可能になった。映画『2001年宇宙の旅』の原作者アーサー・C・クラークもいっているように、人類史上、かつて「原理的に可能で実現しなかった技術はない」のだ。なお、1Gの加速を続けると、地球表面と同じ効果（後述するが、一般相対性理論の等価原理）で、船内も地球生物が暮らしていくのに都合がいい。この1Gの加速で、太陽系ばかりか銀河系、宇宙の果《は》てまでも、一生内に行き着くことができるのだ。なにしろ、特殊相対性理論の効果により、宇宙船内の時間は光速に近づくほど短縮されるのだから。

銀河旅行における距離と時間については、石原藤夫博士が作製されたグラフを参照されたい。

石原博士は、100光年の旅行でほかの異星文明との遭遇を想定し、電波による交信よりも実際に旅行するほうがずっと早く達成できると指摘した。つまり、電波では往復に200年かかるが、光速の90％で航行する宇宙船内の時間は短縮され、44年ですむことになる、というのだ。このほかの相対論的効果については博士の『SF相対論入門』（講談社ブルーバックス）を参照されたい。

ラムジェット推進システムの基本型
(R.W.Bussard, Astronautica Acta, 1960.)

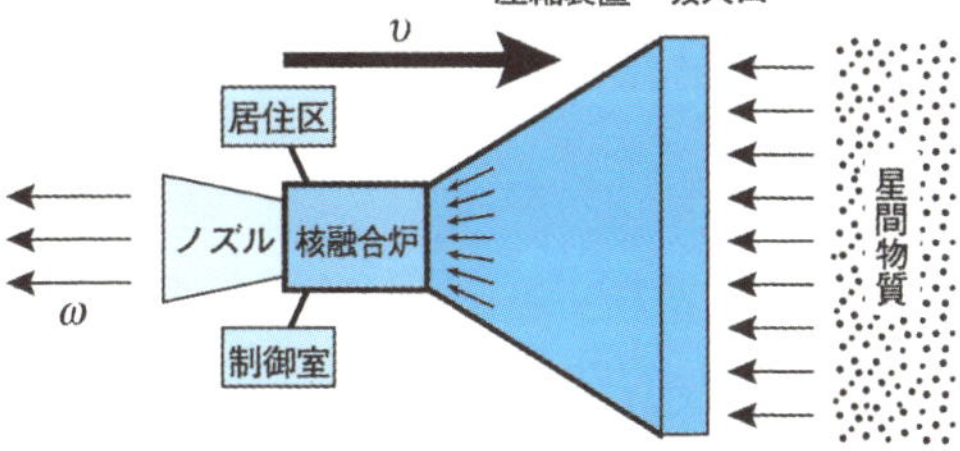

加（減）速度1Gの銀河旅行における距離と時間
石原藤夫『銀河旅行―恒星間飛行は可能か―』講談社1979年刊より

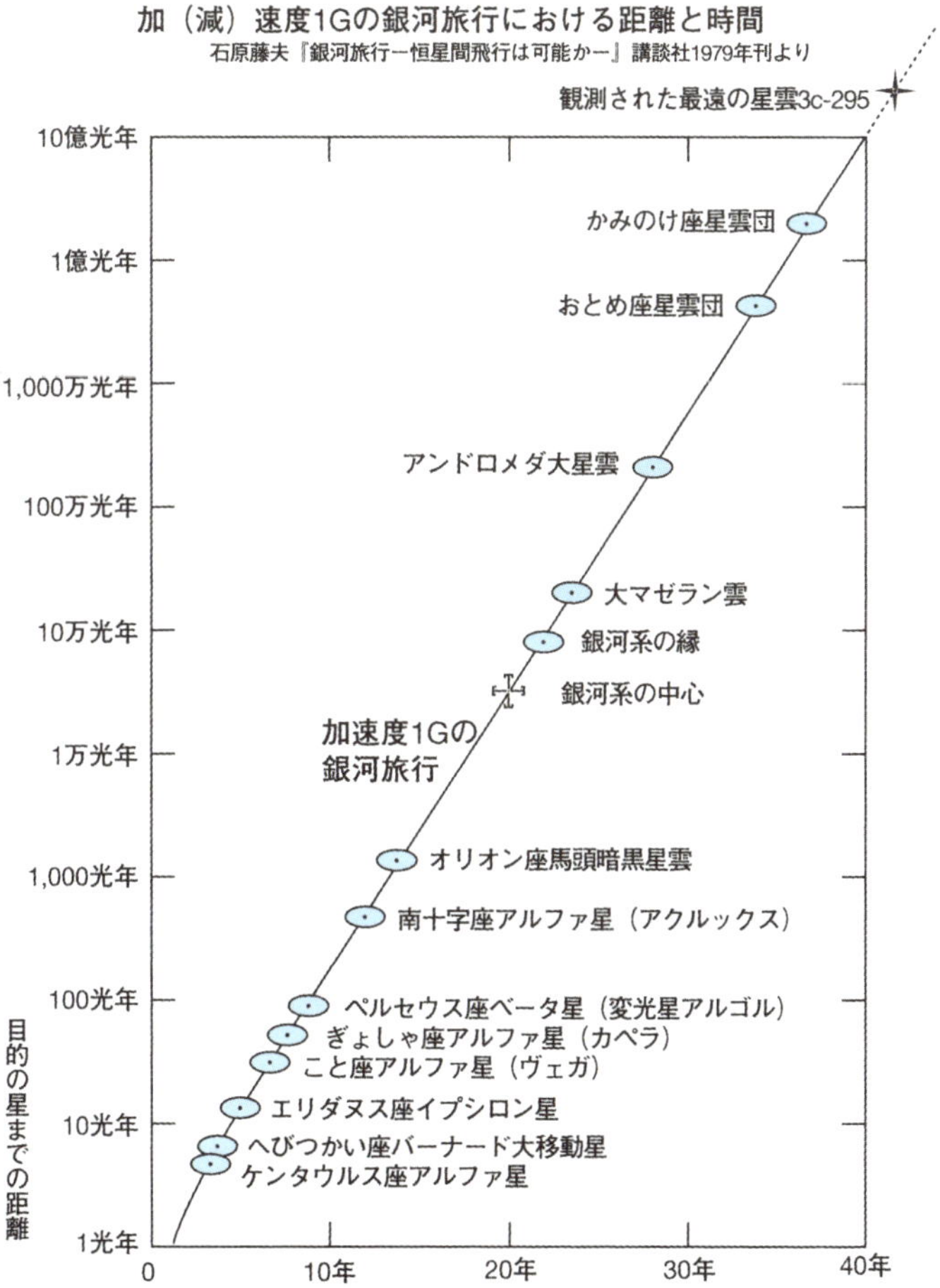

column 3

アインシュタインの生涯③

～スイスから再びドイツへ～

1896年10月、アインシュタインは晴れてチューリッヒ高等工業高校に入学。教授たちに「生意気な学生」と思われる一方、いい友だちと知り合った。セルビアから来た4歳年上の学生ミレーヴァと恋仲にもなる。

1900年、同級生4人中ビリで工業学校を卒業。他の3人は学校の助手になるが、彼だけは就職が決まらない。家庭教師などで糊口《ここう》をしのぎ、2年後、ようやくスイスの首都ベルンのスイス特許局の技官に決まった。安定した職を得、ミレーヴァと結婚したアインシュタインは、さまざまな人たちとの交流を深めながら、落ち着いて研究を楽しむ。

1905年、アインシュタインは3つの革命的な論文を発表する。光量子仮説、ブラウン運動の分子論、そして特殊相対性理論である。

アインシュタインを最初に評価したのが、ドイツのプランク。フランスのボアンカレやキュリー夫人といった有名な大学者たちもただちに認める。アインシュタインも次々に論文を発表し、1908年、ベルン大学の私講師として講義することが認められる。彼の研究はますます有名になり、翌年にはチューリッヒ大学理論物理学員外教授に任命される。

1911年には当時オーストリア帝国内のプラハのプラーグ大学の理論物理学教授となったが、翌年には再びスイスに戻って、大学に昇格した母校の教授となる。

1913年11月、プランクらが積極的に動いて、アインシュタインはベルリン大学教授に迎えられる。このとき、ドイツの名誉市民権も得ている。翌年3月、どうしてもベルリンに動きたがらないミレーヴァと2人の息子をチューリッヒに残し、アインシュタインはベルリンに移る。

第4章

一般相対性理論の全貌

難題解決のヒントとは？

人は落ちるとき、自分の重さを感じない

アインシュタインは特殊相対性理論の限界という弱点に悩んでいた。苦慮するアインシュタインに1907年、彼自らが「私の人生でもっとも幸せな考え」と呼ぶ画期的なアイデアが閃いた。アインシュタインはいう。

「私はベルンの特許局でひとつの椅子に座っていました。そのとき突然ひとつの思想が私に湧いたのです。**『或るひとりの人間が自由に落ちたとしたなら、その人は自分の重さを感じないに違いない』**私ははっと思いました。この簡単な思考は私に実に深い印象を与えたのです」（石原純『アインシュタイン講演録』から）

これは、すでに17世紀、ガリレイが「大きな鉄の球も小さな鉄の球も同じように落下する」という落下の法則で発見したことだともいえる。たとえばビルの屋上から、足の下に体重計を置いて落ちてみたら、ホラッ、あなたも体重計も同じように落ちて、体重ゼロという値が出るでしょ（実行せんように）。

つぎに、窓がなく外が見えないエレベーターにあなたが乗り、このエレベーターの網をロケットが引っ張り続けた、とする。あなたは自分の体に力が働くのを感じる。

外が見えないあなたは、外で何が起こったと考えるか。たぶん2つの場合を想定するだろう。ひとつは何者かがエレベーターを引っ張って加速度運動をさせている、という場合。もうひとつは地球のような星にエレベーターが着地していて、その重力で体が重くなっている、という場合だ。

ガリレオ・ガリレイは相対性理論の成立にふたつ貢献している

[1]

落下の法則 ──→ 等価原理 ❶

（ガリレイの等価原理という人もいる）

よく似ている！
（89 ページを参照）

[2]

ガリレイの相対性原理
（力学で成立する）
↓
アインシュタインの相対性原理
（電磁気学を含めすべての
物理法則で成立する）
‖
特殊相対性原理 ──→ 一般相対性原理 ❷

慣性系
重力のないとき

特殊相対性理論の世界 ❸

座標系
重力のあるとき

一般相対性理論の世界

❶については88ページへ
❷については85、87ページへ
❸については89ページへ

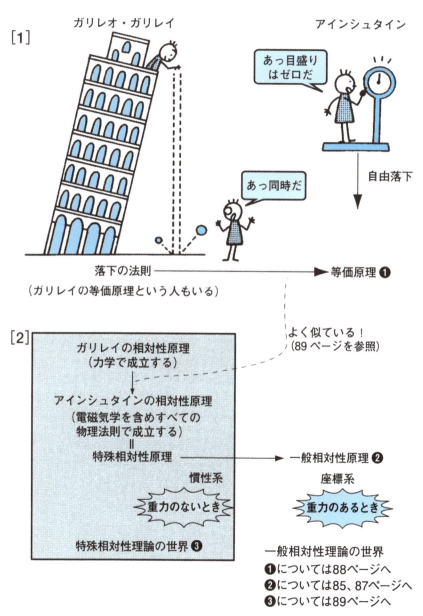

特殊相対性理論2つの弱点

加速度系の重力の問題

特殊相対性理論は、これまでの物理学とは違って、時間と空間とを融合した四次元時空をバックにした理論的にきわめて美しい理論である。時間と空間の統合から、質量とエネルギーは互いに交換できるという重要な発見もなされた。それまでの物理学では理解できなかった実験事実を、明快に説明した功績も大きい。しかし、それほど素晴らしい特殊相対性理論にも、2つの弱点というか、限界があった。

ひとつは、**この理論が慣性系以外の、加速度系（加速度のある座標系）では使えないこと**。したがって、慣性系から加速度系への乗り換えについては、何も答えてはくれないのである。

もうひとつは、**重力についての議論が欠落していることである**。相対性理論が誕生した20世紀初頭、物理学でもっとも重要な「場」は電磁場と重力場であった。電磁場についてのマクスウェルの電磁気学は、特殊相対性理論が誕生するきっかけとなり、逆に特殊相対性理論が電磁気学の正しさを証明することになった。しかし、もう一方の重力場については、アインシュタインは特殊相対論的な重力場の法則といったものを完成できなかった。重力（万有引力）についてのニュートンの法則と特殊相対性理論とは、「力」のは働き方について決定的に対立していたからである。

ニュートンの万有引力の法則によれば、2つの物体の間には質量の積に比例し、距離の2乗に反比例する引力が瞬間的に働く。距離がどんなに開いていても、力の伝達には時間がかからない。これはアインシュタインの、光速度が自然界の最大速度であるという基本原理と真っ向から衝突するものであった。

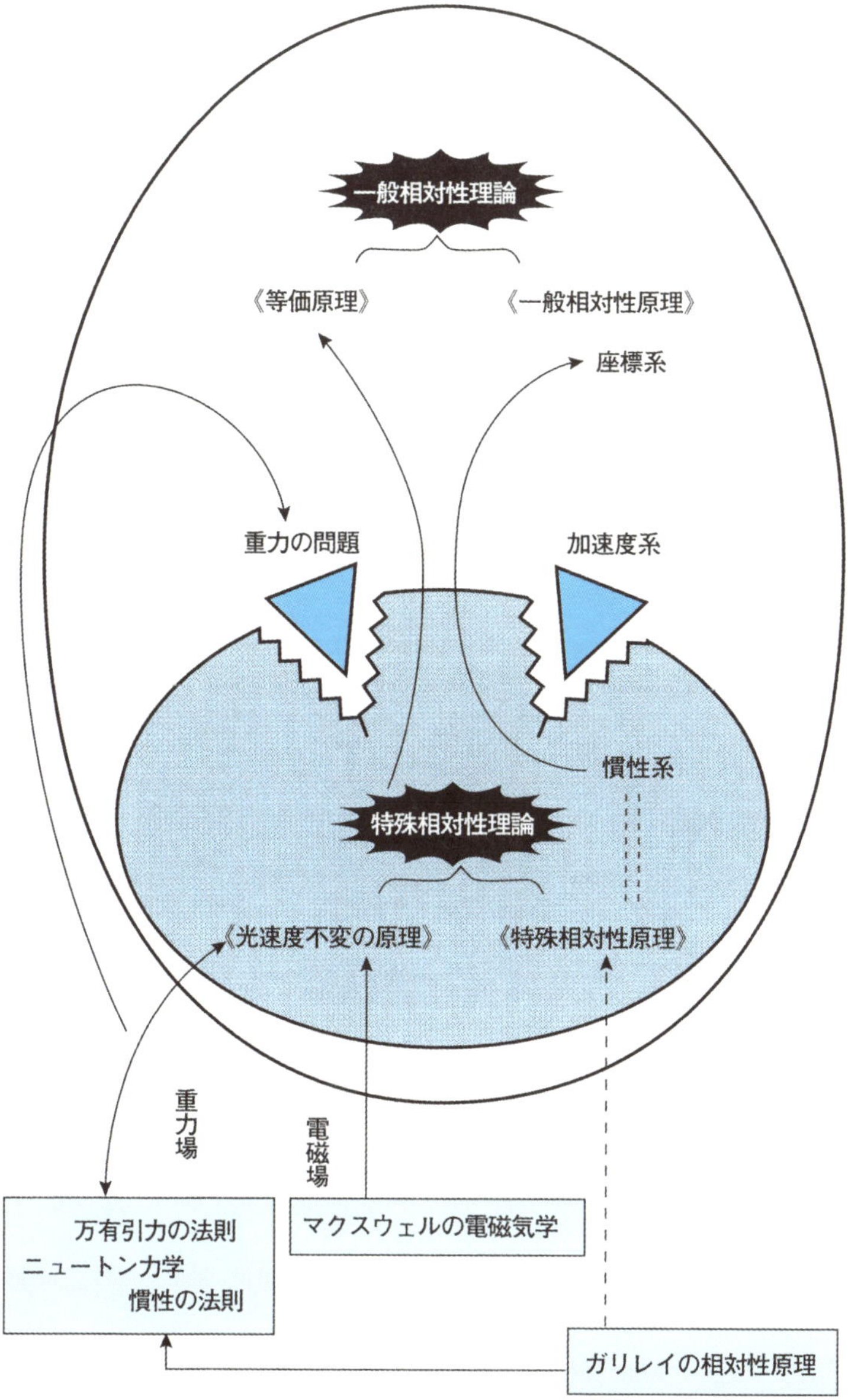
一般相対性理論
《等価原理》
《一般相対性原理》
座標系
重力の問題
加速度系
慣性系
特殊相対性理論
《光速度不変の原理》
《特殊相対性原理》
重力場
電磁場
万有引力の法則
ニュートン力学
慣性の法則
マクスウェルの電磁気学
ガリレイの相対性原理

一般相対性原理の「ある難題」

落下するエレベーターでリンゴを離したら…

「慣性系」を「座標系」に置き換えると、特殊相対性原理が一般相対性原理になる。たったそれだけのことがほかの学者たちにはなしえず、アインシュタインだけができたのだった。それというのも、なにしろ慣性系はいろんなタイプの座標系がある中で、優等生といっていいくらいの座標系なのだ。そのため、物理学者にとって慣性系はなかなか手放せないものなのだ。

慣性系を基準にすると、物理学の諸法則は非常に簡単明瞭になる。そのうえ、重力場を除けば、すべての物理法則は、いかなる慣性系を基準にしてもまったく同じ形で書き表せる。これが慣性系の長所だ。しかし、物理学を記述するのに「簡単明瞭」は実は本質的なコトではない。一価性と連続性（左図）さえ満足させてくれれば、いかなる座標系であっても、すべての物理法則はまったく同じ。とすると一般相対性原理のほうが、自然でまさに一般に通用する。

だが、この原理を採用すると、すぐに実に困ったことが起こる。たとえばエレベーターを吊していたロープが切れ、エレベーターの箱が自由落下を始めたとき、箱の中の人がリンゴを手放した、とする。これを地上の座標系Sから見ると、リンゴは地球の重力に引かれ、ニュートン力学に従って、重力に比例した加速度で自由落下を始める。ところが、エレベーターの中の座標系がS'からすると、リンゴは宙に浮いたまま静止している。重力が働いているが、加速度はゼロ。つまりS'系では、ニュートンの法則はそのままでは通用しない。これでは一般相対性原理に背《そむ》いてしまう。

一価性の条件（4次元の時空で起こる一つの事件は、4次元の時空図の1点で表わされなくてはいけない）

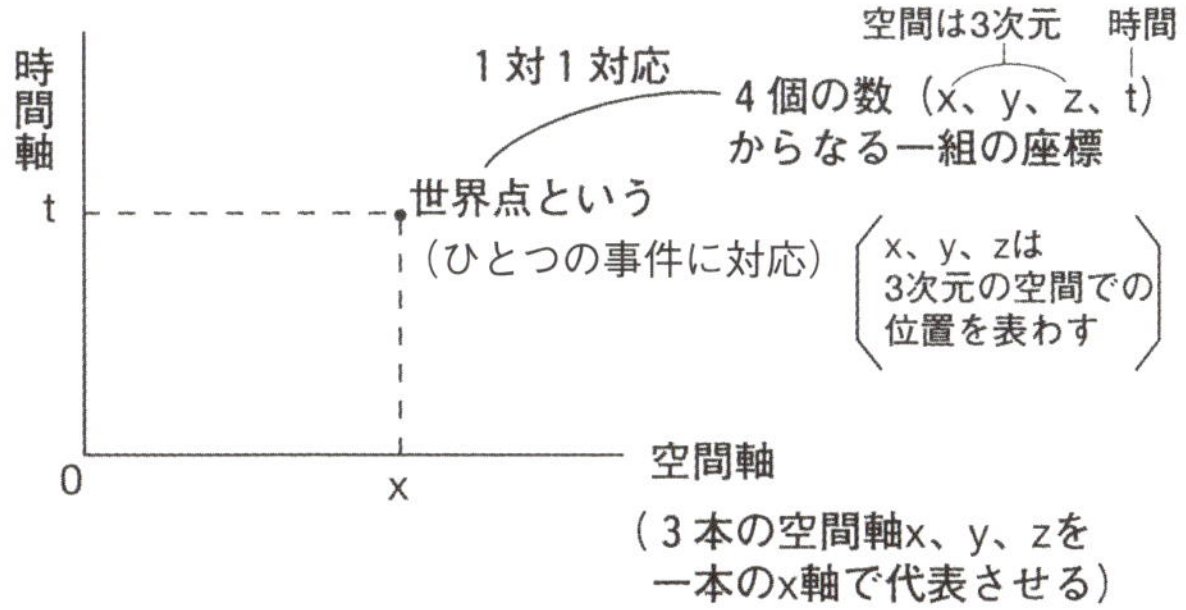

連続性の条件（粒子が時空を動くのは連続でなくてはいけない）

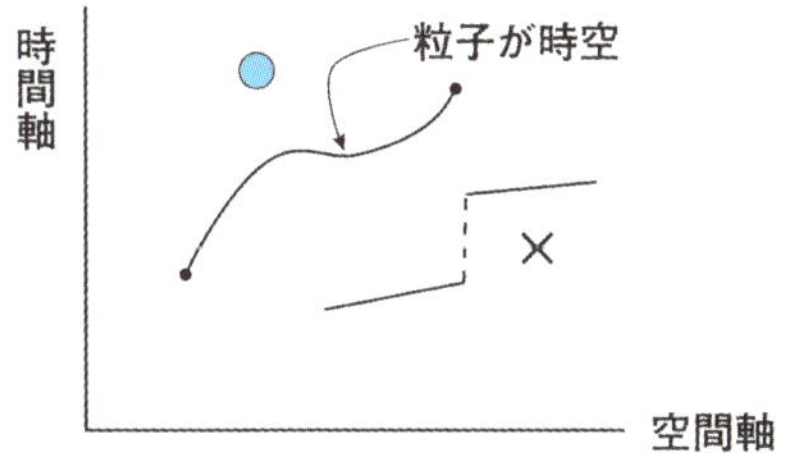

エレベーターの思考実験

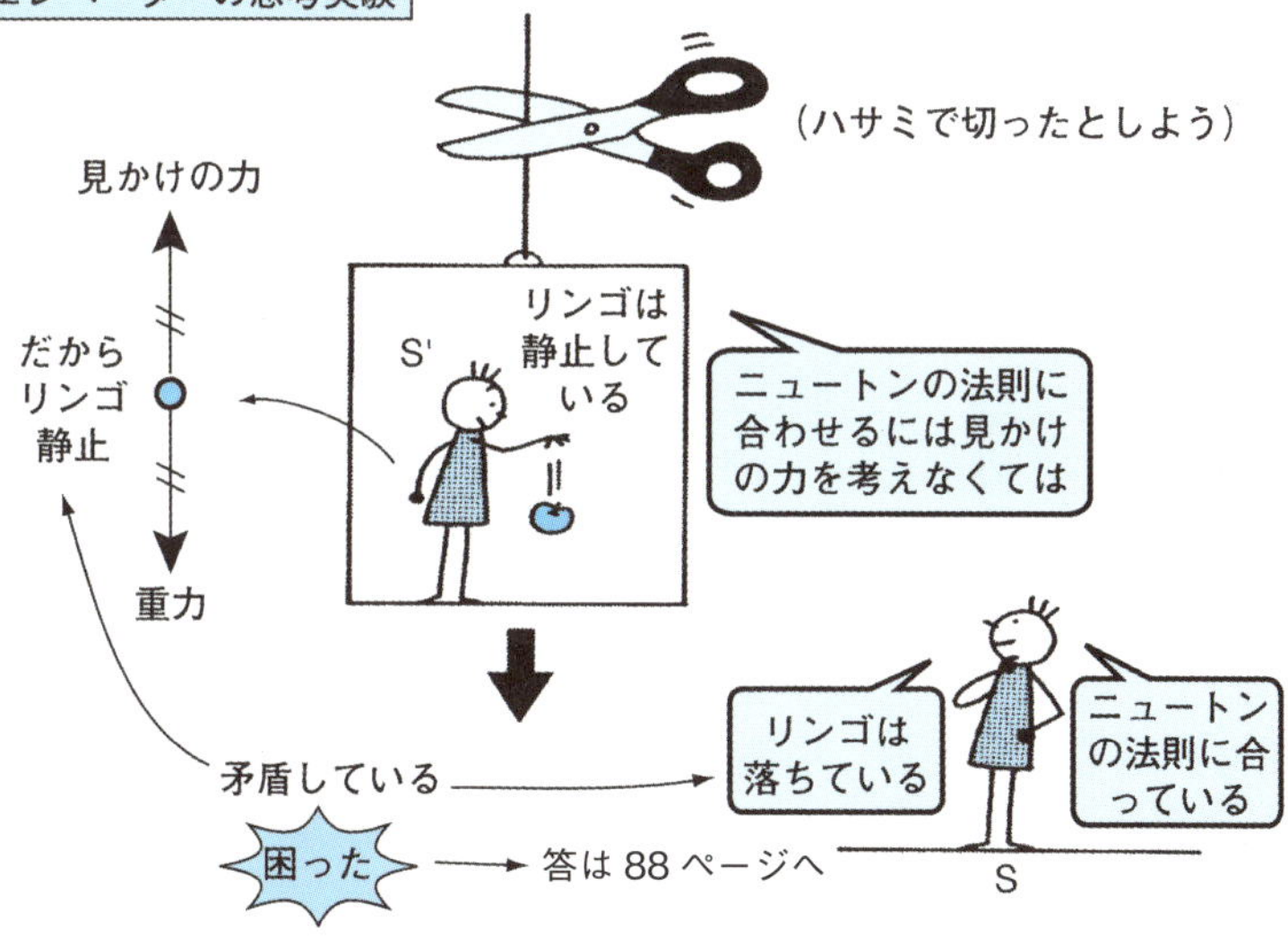

3つの原理で築かれる一般相対性理論

一般相対性原理・等価原理・重力が存在しないとき成立する特殊相対論

エレベーターの箱の中の物体に対する本物の重力の影響は、箱が加速をしているために出現した見かけの力（慣性力）による作用とまったく同じである。

しかし、力学の現象に限れば、2つの力が等しいということは、ガリレイによる落下の法則以来周知のことで、アインシュタインにいわれるまでもないことであった。この両者が力学現象だけでなく、すべての物理現象にも同じ作用をするというのが、アインシュタインの創意なのだ。それこそが**等価原理**。なんだか、ガリレイの相対性原理からアインシュタインの相対性原理への飛躍とよく似ていますね。

等価原理によれば、観測者が適当な加速度で運動をすれば、その人から見て重力をつくり出すことも、消し去ることもできる。前項で取り上げた、自由に落下するエレベーターの中の人S'から見れば、もともとの地球の重力が、S'の降下により新たにつくり出された上向きの重力と相殺される。その結果、箱の中は無重力状態となり、リンゴが宙に浮いたまま静止しているのも当然となる。ニュートンの法則は、S'から見ても厳密に成立する。こうして、等価原理は、一時成立を危ぶまれた一般相対性原理にとって、救いの神となり、同時に、等価原理は慣性系以外の**加速度系**（加速度のある座標系）を扱う可能性を切り拓いて、一般相対性原理を物理学の基本原理に据《す》えることができるようにもなったのだ。

もうひとつ、**重力が存在しないときは特殊相対性理論が厳密に成り立つ**ということを第3の原理として、この3つの原理で一般相対性理論が成立する（左図参照）。

3つの原理から一般相対性理論への道案内図

①一般相対性原理〈座標系〉←→〈慣性系〉特殊相対性原理

②等価原理（重力＝加速度系による慣性力）

③重力がないところでは特殊相対性理論が厳密に成立する

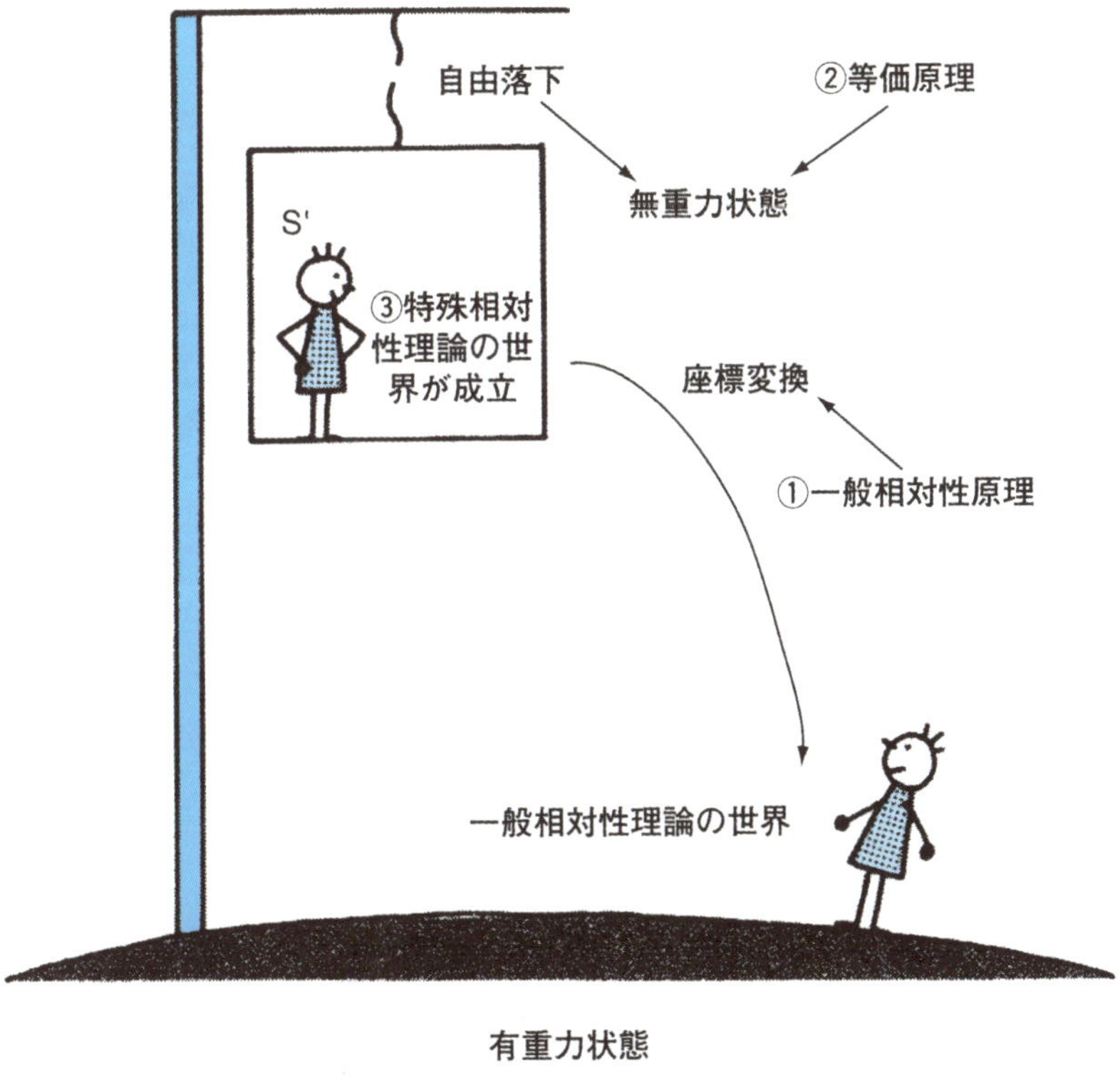

2つの重さの謎

「重力質量」と「慣性質量」はどう違う？

あなたはどんなときにいちばん「重さ」を感じますか。私は図書館の本をまとめてバッグに入れ、返しに行くとき、です。人によっていろいろでしょうね。では、本はなぜ重いのか。心理的にではなく、物理的にです。そういう物が地面（地球）に向かって落ちようとする、それを阻止するために腕なり、肩なりが抵抗するからである。そういう物と一緒にビルから落ちれば、重さは感じない。

重さとは、地球から物が引かれる力（すなわち万有引力）に逆《さか》らうことによって感じられるものである。ズバリいって、重さは万有引力の大きさに等しい。左図に示した手続きで、万有引力の大きさを測って、どんな物体であれその重さを求めることができる。この重さを**「重力質量（Weight）」**という。

だが、1kgの重さの物を持ち、地球から遠く離れ、周囲に何の天体もない空間に浮かぶ宇宙船内で、万有引力の大きさを測ろうとしても何の方法もない。宇宙船や船内の物質間の相互の万有引力はあるにはあるが、あまりに小さすぎるからである。ここで力を加えて動かしてみる。「動かしにくさ」を感じるだろう。その大きさは、一定の時間、同じ力を加えてどれくらい速くなるか（加速するか）を調べることでわかる。こうやって決める量が**「慣性質量（Mass）」**である。

さて、万有引力で定義された1kgと2kgの物体を万有引力のない空間で動かしてみよう。2kgの物体が1kgの物体よりもちょうど2倍動かしにくい。つまり、**「重力質量」と「慣性質量」は決め方がまったく違うのに、結果として同じ値を与えるということなのだ。**

「重さ」から重力質量へ
重たいなぁ
万有引力
「動かしにくさ」から慣性質量へ
無重力状態の宇宙船の一部屋
くつは床にくっついている
B
こっちのAのほうがBの２倍動かしにくい
A
“Mass”
こういう風にして求める質量を慣性質量という
万有引力の法則によれば、万有引力は２つの物体の距離の２乗に比例する。距離がポイント
物体をてきとーに決めて、それを１kg重としよう
ばねが２倍のびる。万有引力が２倍。それなら２kgといっていいんですね
6400km
地球の中心
“Weight”
重力質量というのは、万有引力を感じる強さです
物体の加速されにくさ
‖
動かしにくさの大きさ
‖
物ぐさの度合い
‖
慣性質量
‖
Mass

実験で認められた2つの重さの一致

重力質量と慣性質量は一致する

重力質量と慣性質量は、前項で述べたように、性質がまったく違うにもかかわらず、なぜ一致するのか。本当に一致するかどうか、ハンガリーの物理学者エートヴェッシュ（1848〜1919年）の実験が有名だ。左ページに示したように、（※）の式が成り立てば、球Ⅰにはたらく引力と遠心力が合成された力F_1と球にはたらくF_2は平行となる。そうではなく、もし（※）の式が成り立たなければF_1とF_2とは図③のように異なる方向を向く。すると、図②のように吊してある糸を中心にねじれる。

エートヴェッシュは、このねじれが起きるかどうかを実験した。その結果、観察できないほど、ねじれが小さいことがわかった。球Ⅰ、Ⅱの材質をいろいろ変えてやっても、同じ結果となった。（※）の式の成立が実証されたのだ。

（※）の式は、ある物体の重力質量と慣性質量の比であった。ある物体にはたらく重力M×gのうち、gは地球だけに関係する定数で、単位を適当に調節すれば、重力質量Mと慣性質量mとを等しいと置くことができる。その後の実験で10のマイナス11乗の精度、つまり小数点以下にゼロが10個並ぶ微小なところまで合っていることが確かめられた。

しかし、それにしても重力質量と慣性質量とは性質がまったく違う。違うにもかかわらず、結果として同じ値が出てくるのはなぜ？　これはニュートン力学では説明できない。アインシュタインの一般相対性理論、とくに等価原理をもとにすれば、当然の結果として導くことができる。

エートヴェッシュの実験

（この実験は、アインシュタインの相対性理論が世に現れる前から行なわれ始め、改良を重ね、精度を増していった。）

図①

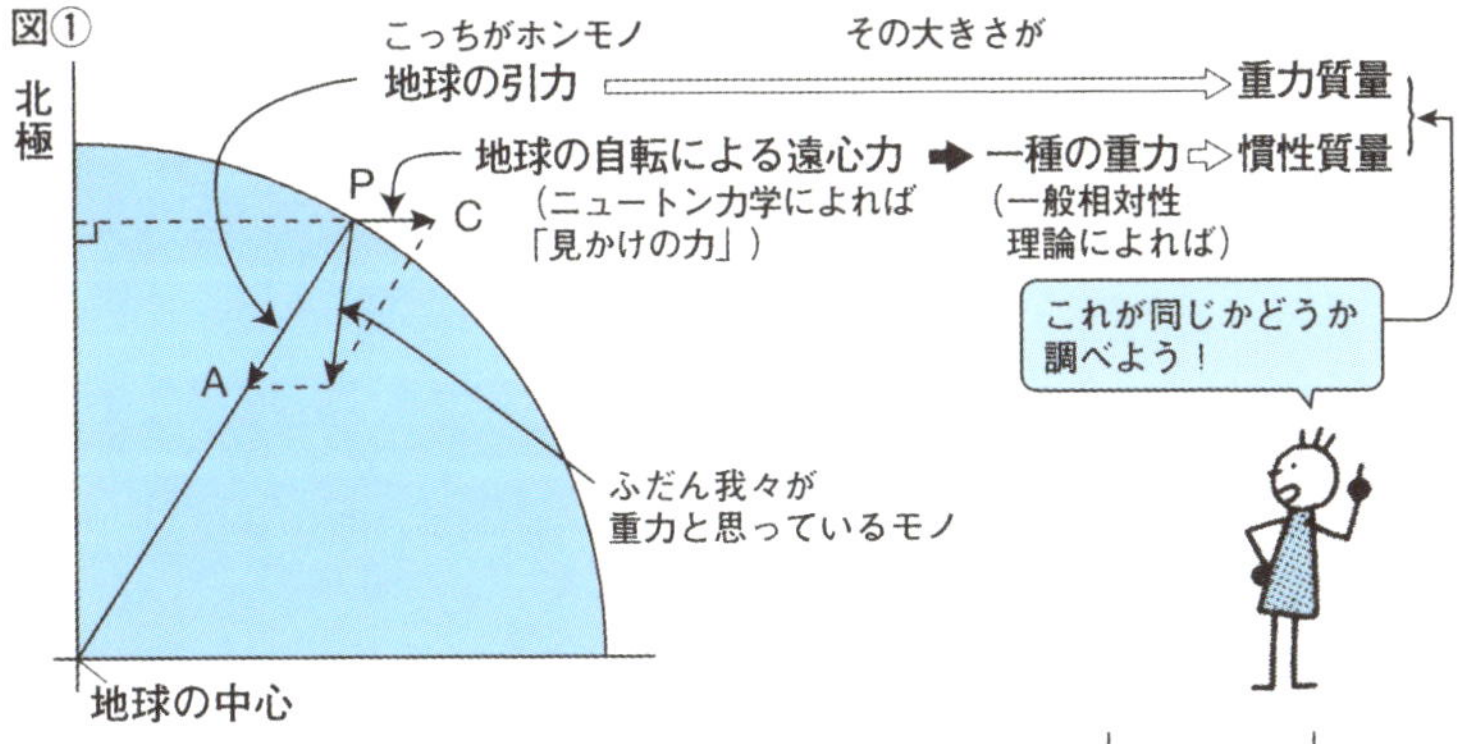

図②

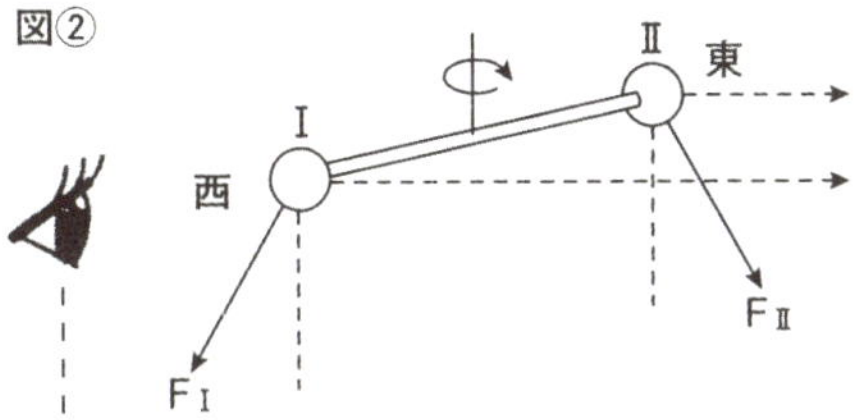

重力質量	慣性質量	
$M_{Ⅱ}$	$m_{Ⅱ}$	球Ⅱ
$M_{Ⅰ}$	$m_{Ⅰ}$	球Ⅰ

（材質の異なる球）

この目玉の位置から見ると

図③

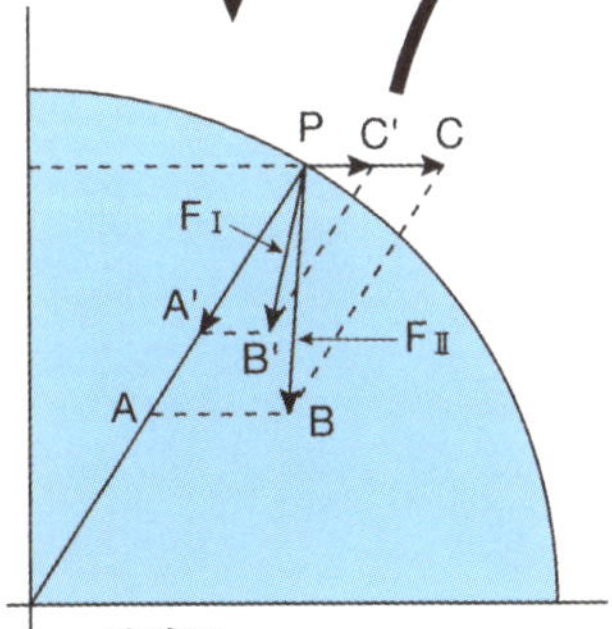

この二つの平行四辺形

▱PABCとPA'B'C'について、

PA：PC＝PA'：PC'

であれば

▱PABC∽▱PA'B'C'

相似

$\overrightarrow{PB}$ と $\overrightarrow{PB'}$ は重なる

$M_{Ⅰ}$ ：$m_{Ⅰ}$＝ $M_{Ⅱ}$：$m_{Ⅱ}$ ……（※）

球Ⅰにはたらく合成された力 $F_{Ⅰ}$

と

球Ⅱにはたらく合成された力 $F_{Ⅱ}$

とは平行になる！

地球の

引力	遠心力	
$\overrightarrow{PA'}$	$\overrightarrow{PC'}$	球Ⅱ
$\overrightarrow{PA}$	$\overrightarrow{PC}$	球Ⅰ

にはたらく

それぞれ比例する

同質量	慣性質量
$M_{Ⅱ}$	$m_{Ⅱ}$
$M_{Ⅰ}$	$m_{Ⅰ}$

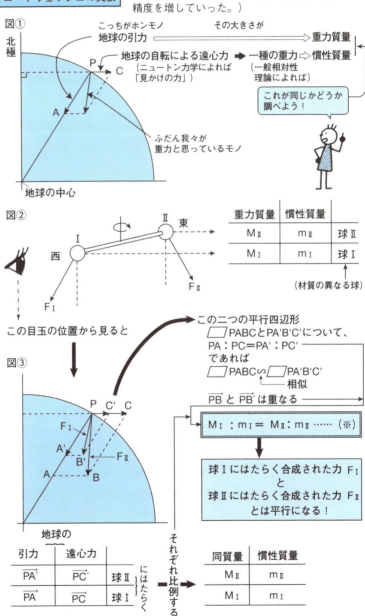

光は重力によって曲げられる！

光と重力の密なる関係①

「重さ」の重力質量も、「動かしにくさ」の慣性質量も、どうもはじめっから同じものだという感じもする。もともと同じものをわざわざ繰り返しただけなんじゃないの、という気もする。

なんだか、もともと存在しないエーテルを、存在しないといい立てたときのアインシュタインは、アインシュタインとよく似ている。アインシュタインはアタリマエのことをアタリマエにいっただけじゃないのか。

しかし、はじめからアタリマエといっているだけでは相対性理論は生まれなかった。ないはずのエーテルをあるとし、もともと同じ2種類の質量を違うとした幻を破るアインシュタインが登場し、現実を見る眼を深めさせたのだから。

さて、以上ゴチャゴチャとした七面倒なギロンにつきあっていただいたが、これから図に示したように重大な予想が立てられる。**光線が重力によって曲げられる！**　である。

光は、まわりに何もない宇宙空間、すなわち重力のないところでは直進する。では重力場では？

また、例の自由落下するエレベーターの話だが、今度のものには小さな窓がついている。その窓から光が射し込み、自由落下する箱の中の人S'には無重力状態で光は直進する。

この様子を地表に立つ人Sが見る。光速は無限大ではないので、光が窓から入り、反対側の壁につくまでほんのわずかだが、時間がかかる。その間にエレベーターは落下している。

したがって、光は水平に直進せず、少し曲がって落下する!!

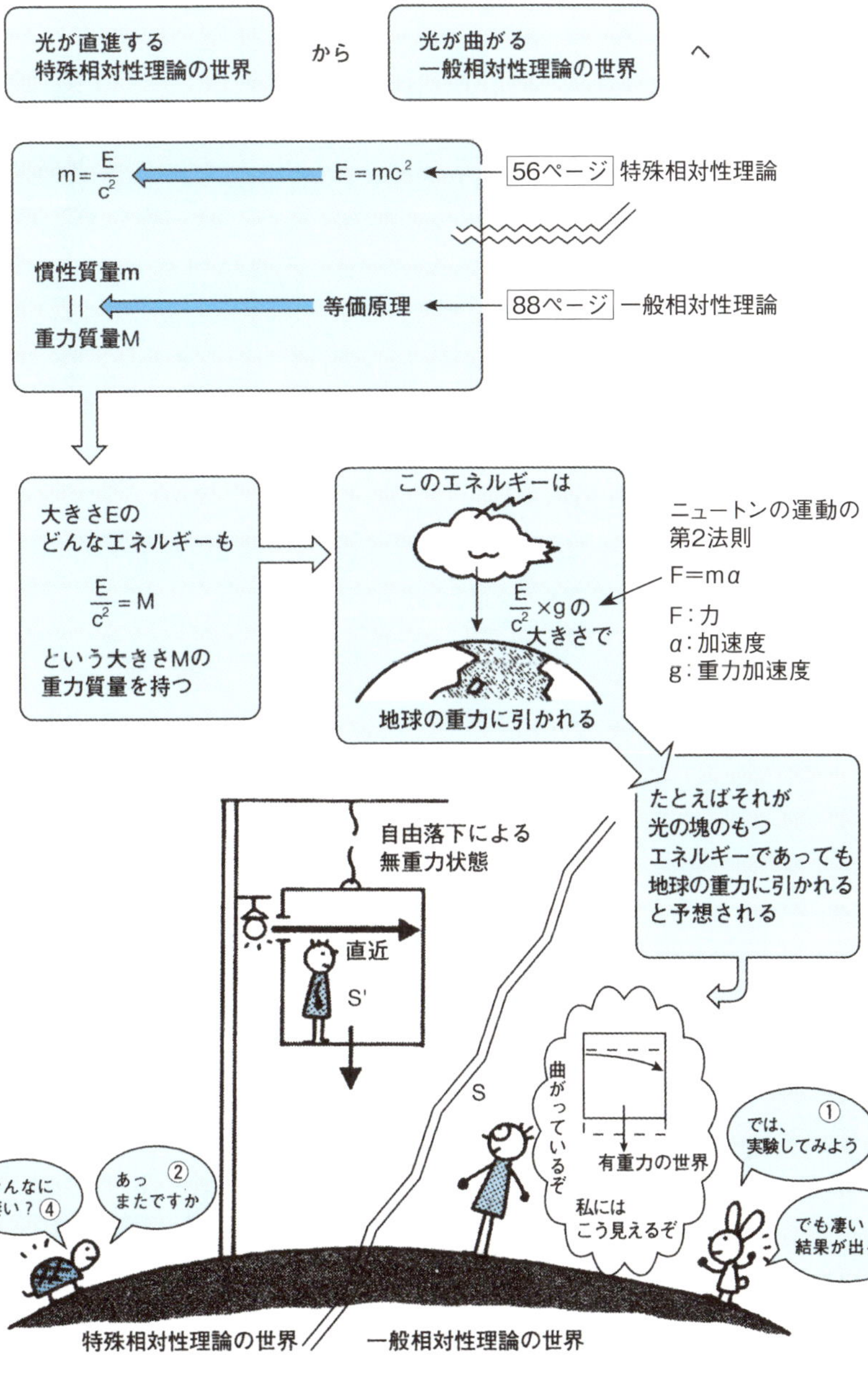

光が直進する
特殊相対性理論の世界
から
光が曲がる
一般相対性理論の世界
へ
$m = \frac{E}{c^2}$
$E = mc^2$
56ページ 特殊相対性理論
慣性質量m
||
重力質量M
等価原理
88ページ 一般相対性理論
大きさEの
どんなエネルギーも
$\frac{E}{c^2} = M$
という大きさMの
重力質量を持つ
このエネルギーは
$\frac{E}{c^2} \times g$の
大きさで
地球の重力に引かれる
ニュートンの運動の
第2法則
$F = ma$
F：力
a：加速度
g：重力加速度
たとえばそれが
光の塊のもつ
エネルギーであっても
地球の重力に引かれる
と予想される
自由落下による
無重力状態
直近
S'
S
曲がっているぞ
有重力の世界
私には
こう見えるぞ
では、
実験してみよう ①
あっ ②
またですか
でも凄い ③
結果が出るぞ
そんなに
凄い？④
特殊相対性理論の世界
一般相対性理論の世界

地表より遠いところでは光は速く進む

光と重力の密なる関係②

もう一度、エレベーターの自由落下を思考実験してみよう。エレベーターの箱がはじめ図①点線の位置に吊されている。箱の左壁の中央に開けられた小さな穴は電柱にぶら下がっている電灯と同じ高さだ。電灯をパッとつけ、再び消す。これを合図に箱のロープが切られ、箱は自由落下を始める。電灯から放たれた光の一部は穴を通って箱の中に射《さ》し込む。エレベーターの中の人S'から見ると、光は左壁の床から高さaの位置にある窓から水平に射し込み、光速度cで右に直進し、右壁の床上a'の点Qに到達する。これを地上に立つ人Sが見ると、光が右壁に届いた瞬間には、箱は図の実験の位置まで降下しているので、光の進路はPとQを結ぶ曲線となる。光線がこのように下に曲がったのは地球の重力によるとしか考えられない。

穴Pを通過した光がQに届くまでにたどった道を誇張して描いたのが、図②だ。

チューブの切り口ABから次の瞬間の切り口A'B'への時間に、Aの光はA'へ、Bの光はB'まで進む。チューブが図のように下向きに曲がるということは、AとA'の間の距離がBB'間より長いということだ。よって、チューブの上側にそって進む光の速さは、下側にそって進む光よりは速い。いい換えれば、**地表より遠い点を進む光の速さは、地表に近い点を通る光の速さより速い**、ということだ。

これは、4つの重要な結論を派生させる。そのひとつは、**等価原理が力学現象だけでなく、あらゆる現象で真実**だということである（左ページ）。

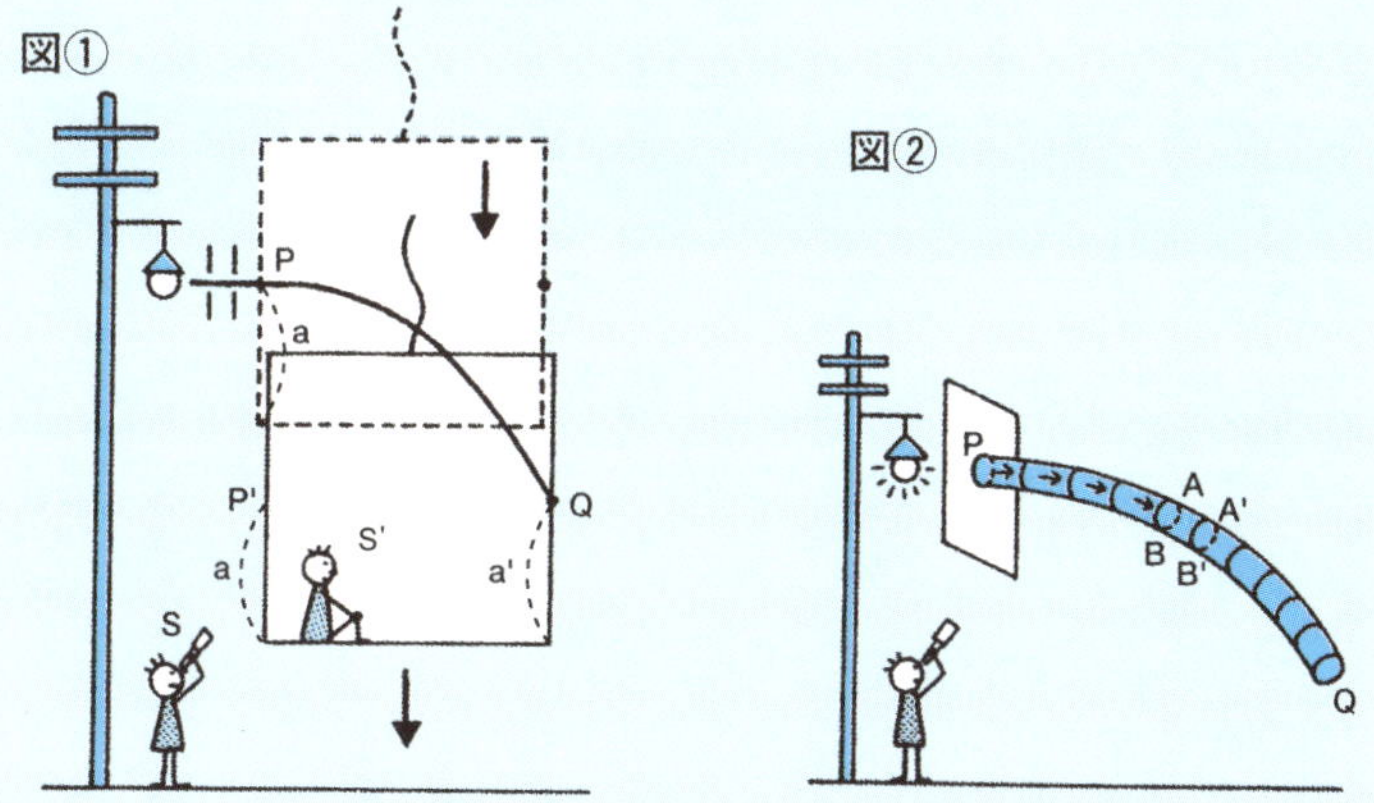

①等価原理

②重力が存在している時の光の伝播の法則

結論：地表より遠い点を進む光の速さは地表に近い点を通る光より速い

力学現象 ← エートヴェッシュの実験 → 92ページ

①等価原理が真実である ← 力学現象以外のすべての物理現象

これは本項ですよ

②重力ポテンシャルの高いところでは、光の速さは大きい → 98ページ

③重力場では空間が歪む → 100ページ

④一般相対性理論は非ユークリッド幾何学を必須不可欠とする → 102ページ

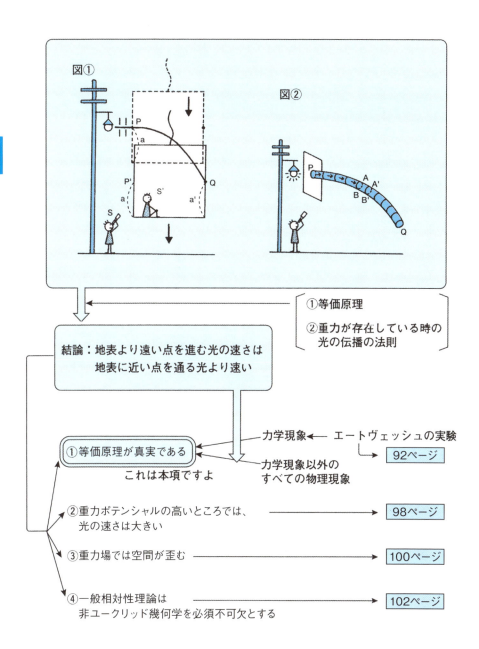

重力ポテンシャルが高いと光は速く進む

光と重力の密なる関係③

天気図には、同じ気圧の場所を線で結んだ等圧線が描かれている。風は等圧線に垂直に、気圧の高い等圧線から低い等圧線に向かって吹く。重力場の様子を表す図で、天気図の等圧線にあたるのが「**重力の等ポテンシャル面**」だ。実際の様子を想像していただければ、線が面を表しているのはわかるはずだ。

「ポテンシャル」（potential）という言葉がいきなり出てきたので、とまどわれた方もいるかもしれない。そういう方のために、左ページにコラムを設けた。PotentialのPO−が重力の力（power）のPO−と同じ文字であることが表すように、2つの単語は語源が同じなのだ。

話を戻し、左図①で上空にある等ポテンシャル面は地面に近い面よりポテンシャルが高いとか、大きいなどという。あるいはAはBより大きいポテンシャルをもつ点である、ともいう。

重力は、等ポテンシャル面に垂直に、ポテンシャルの高い面から低い面へと向かう。やっぱり風が吹く様子と似ていますね。気圧の分布で風が吹く様子がわかるように、物体のまわりの重力場の様子は、まわりの重力ポテンシャル面の分布状態によって完全に表される。

左図②は、地球と月のまわりの等ポテンシャル面の分布状態を輪切りにしたものだ。ポテンシャルの大きさは、地球や月から遠ざかるほど大きくなる。

さて、前項の図②（97ページ）と本項の図①を比べていただきたい。前項の結論は、**重力ポテンシャルの高いところでは、重力ポテンシャルの低いところより光の速度が大きい**、といい換えられますね。

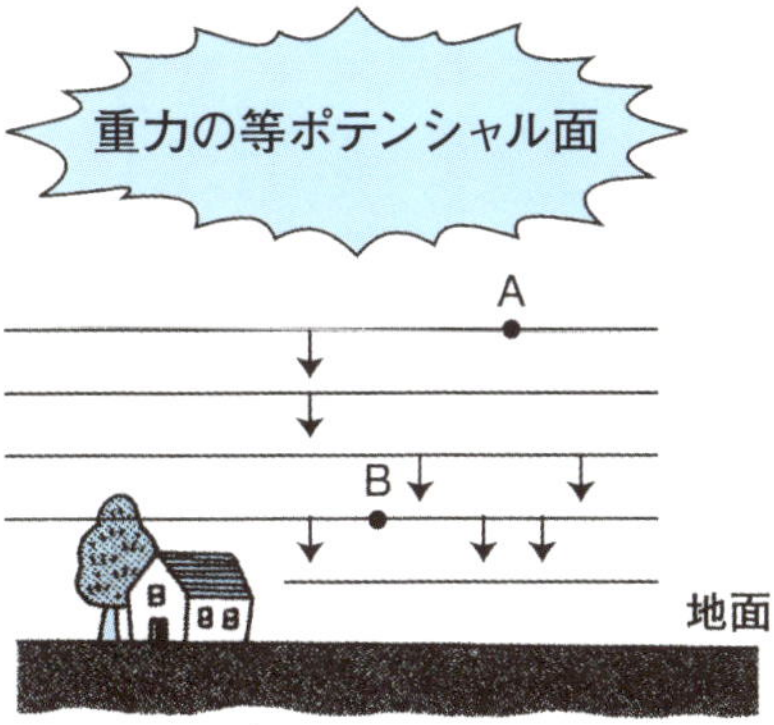

図①

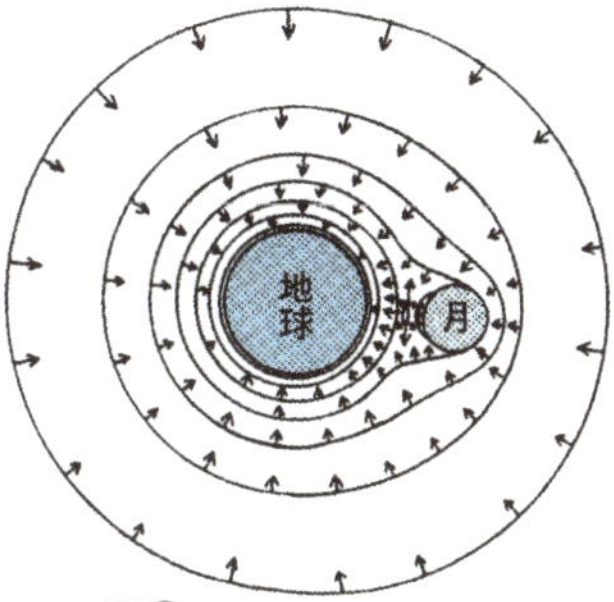

図②

potentialの意味圏

（形容詞）

- 1.可能な（possible）、（将来十分に）発達の可能性がある
  - → 2.潜在する、潜勢の（⇔dynamic）（可能性はまだ現れていないので）
  - → 3.【物理学では】位置の、電位の potential energy　位置エネルギー（運動エネルギーへ転換することが可能であるが、潜在しているので）
  - → 4.【文法】可能を表す

（名詞）

- 1.可能（性）、潜勢　war potential　戦力
  - → 3.【物理学では】電位（＝electric potential）
  - → 2.【文法】可能性

（ラテン語で）＝be able：→possible.power

（出典『新英和中辞典』研究社）

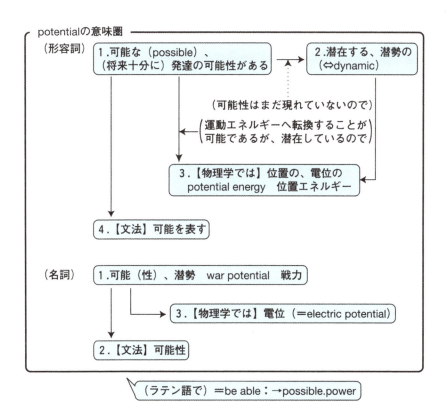

重力場では空間が歪む

ユークリッド空間からのズレとブラックホール

光が真空中を1点Pから他の点Qに向かうとき、光が通過する道はPQを結ぶ最短コースだ。

重力場が存在しないとき、最短コースは直線となる。最短コースが直線となる空間は、ユークリッド空間である。それに対し、重力場の中では、光が進む最短コースは97頁の図②に示したような曲線となる。となれば、**重力場が存在する空間は、ユークリッド空間とは異なる性格の、歪《ゆが》んだ空間というほかない。**

歪んだ空間をイメージしていただこう。洗面器の上に薄いゴム状の布をはり、中央に鉄の球をのせる。鉄の球が少し下に沈み、布は歪む。そう、これが歪んだ空間のモデルである。

昔見たディズニー映画で、確か『ブラックホール』というのがあった。そのワン・シーンにこんなのがあった。鉄の球が重くて、どんどん沈み、ついに布が破けて、洗面器の底なしの底に落ち、しかも布がもとの水平面に戻っていない、要するに左図②の状態が、ブラックホールだ。

鉄の球が落ちずに、図①のように歪んだままのゴム布の上で点Pから Qまで超小型ロボットに最短距離を進ませる。それは直線にならず、曲線になる（あくまで、この歪んだゴム布の上という空間の中で考えてください）。

同じように、鉄の球のような太陽が存在する重力場では、空間が歪み、光線は直進できなくなる。

物理学で考える重力のポテンシャル（98ページ参照）は、幾何学風にいえば、空間の歪み、あるいはユークリッド空間からのズレを表す量にほかならない。

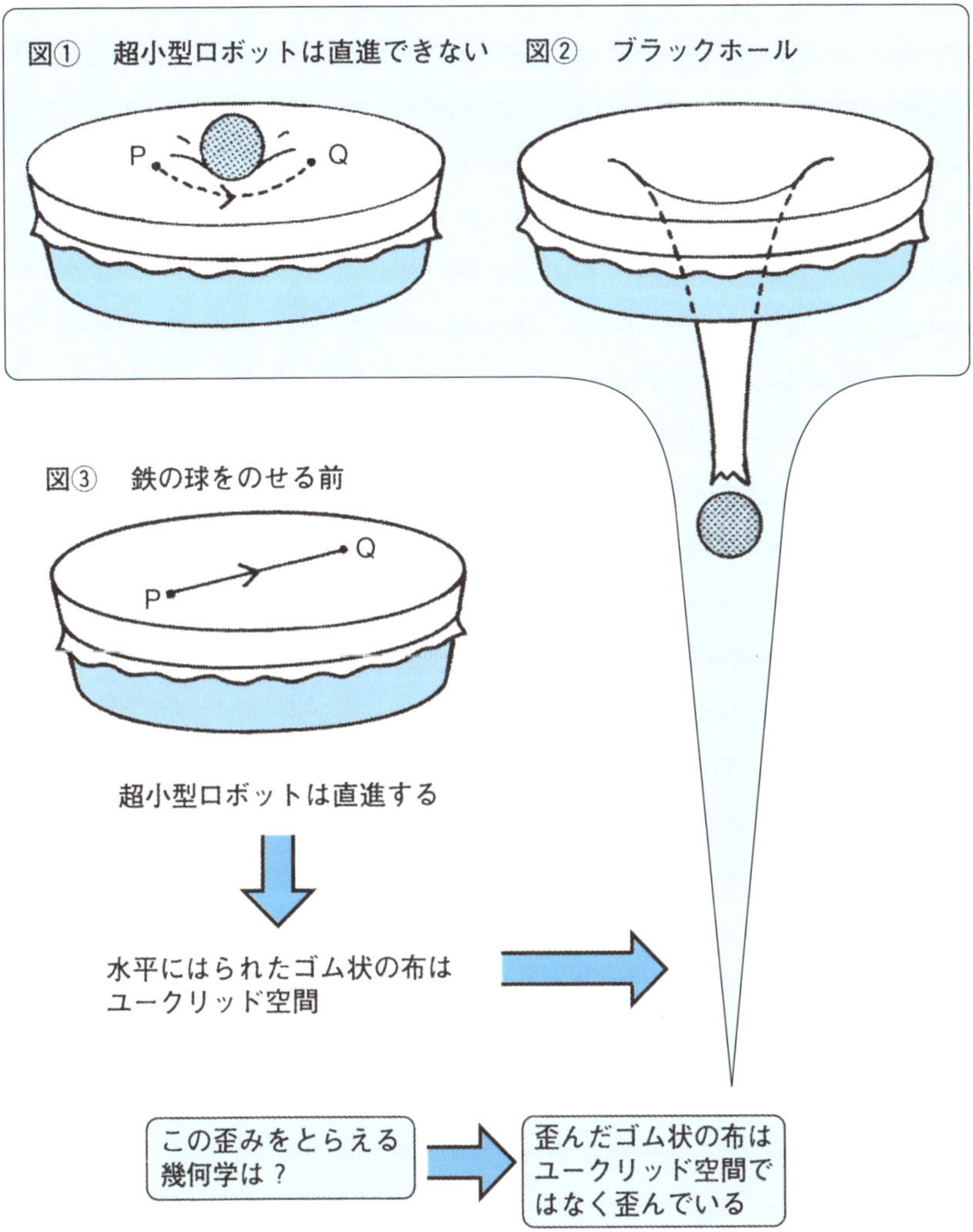
図① 超小型ロボットは直進できない
P
Q
図② ブラックホール
図③ 鉄の球をのせる前
Q
P
超小型ロボットは直進する
水平にはられたゴム状の布は
ユークリッド空間
この歪みをとらえる
幾何学は？
歪んだゴム状の布は
ユークリッド空間で
はなく歪んでいる

時空の歪みを捉える一般相対性理論

一般相対性理論は非ユークリッド、なかでもリーマン幾何学を活用する

重力場による歪んだ時空を捉える幾何学をアインシュタインは探し求めた。そもそも古代ギリシア人に始まり、西洋人には科学を幾何学的に捉えようとする伝統がある。ユークリッドの『幾何学原論』は純粋科学としての幾何学を体系化したものにほかならない。ニュートンの『プリンキピア』の構成でさえ、ユークリッド幾何学をなぞっている。アインシュタインの特殊相対論が通用する空間も、二三〇〇年以上も前に研究されたユークリッド空間である。ユークリッド幾何学では、左図②において直線ＡＢの外にある点Ｐを通り、これに平行な直線は1本しか引けない。

19世紀になってようやく、ユークリッドに非ざる非ユークリッド幾何学が現われた。中でもリーマン幾何学の空間に、アインシュタインは着目。**リーマン空間では平行な直線は1本もなく、曲線が図①で見るように正の世界である**。曲率とは空間の曲がりの程度を示す量だ。座標系も曲線となり、隣り合った2点間の距離を求めようとしても、3平方の定理をそのままでは使えない。場所ごとに曲がり具合も異なるので「テンソル」の考え方を使う。いうなればテントの張り具合を表わす。一般相対性理論の四次元時空の曲線座標の目盛の大きさ、座標軸同士の角に関係ある量を基本テンソルといい、10個の値からなる。曲がり具合の変化の傾きの、そのまた変化の傾きを表わす10（＝1＋2＋3＋4）個なのだ。

大宇宙の中に散在する星々や星間物質の持つ物質や光の持つエネルギーがそれぞれの場所の重力分布状態を規定し、それぞれに時空を歪ませる。その全体像を計測できる理論こそ、一般相対性理論である。

図①

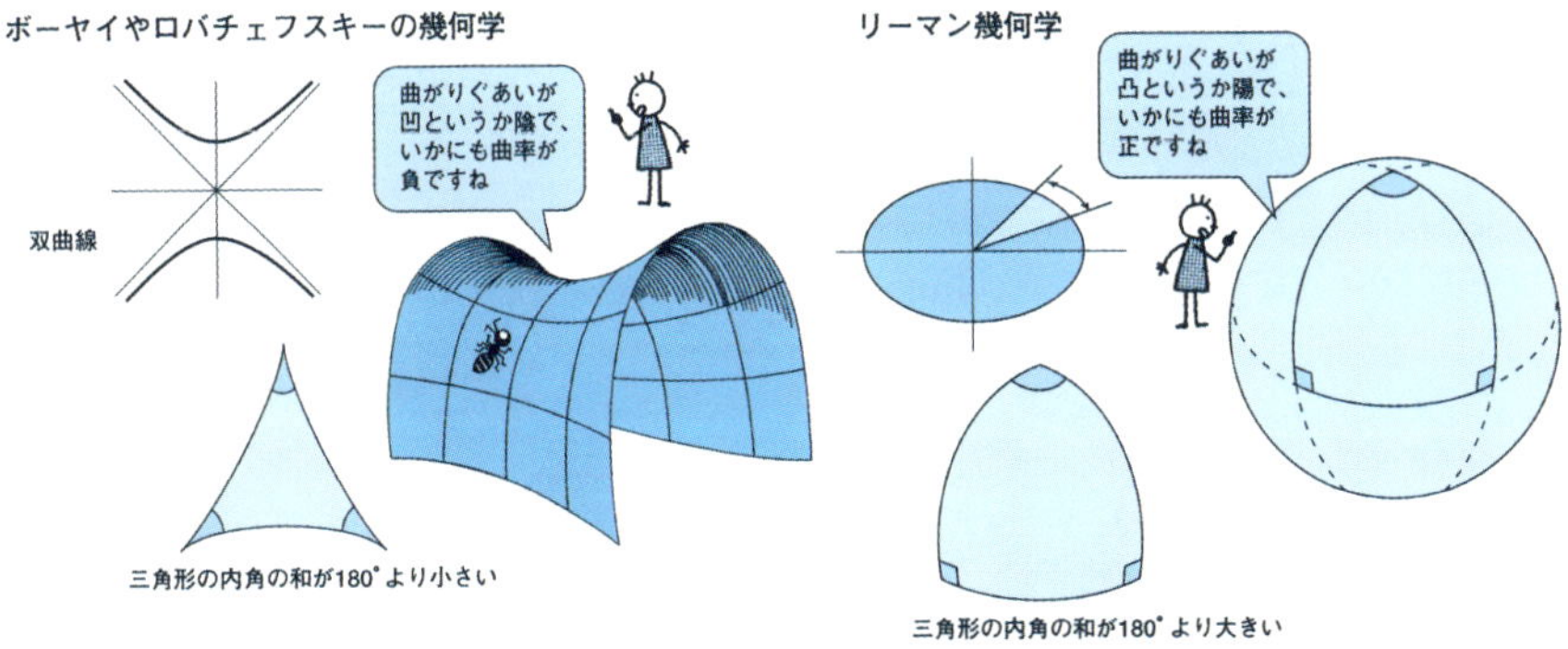
ボーヤイやロバチェフスキーの幾何学
双曲線
曲がりぐあいが
凹というか陰で、
いかにも曲率が
負ですね
三角形の内角の和が180°より小さい
リーマン幾何学
曲がりぐあいが
凸というか陽で、
いかにも曲率が
正ですね
三角形の内角の和が180°より大きい

図②

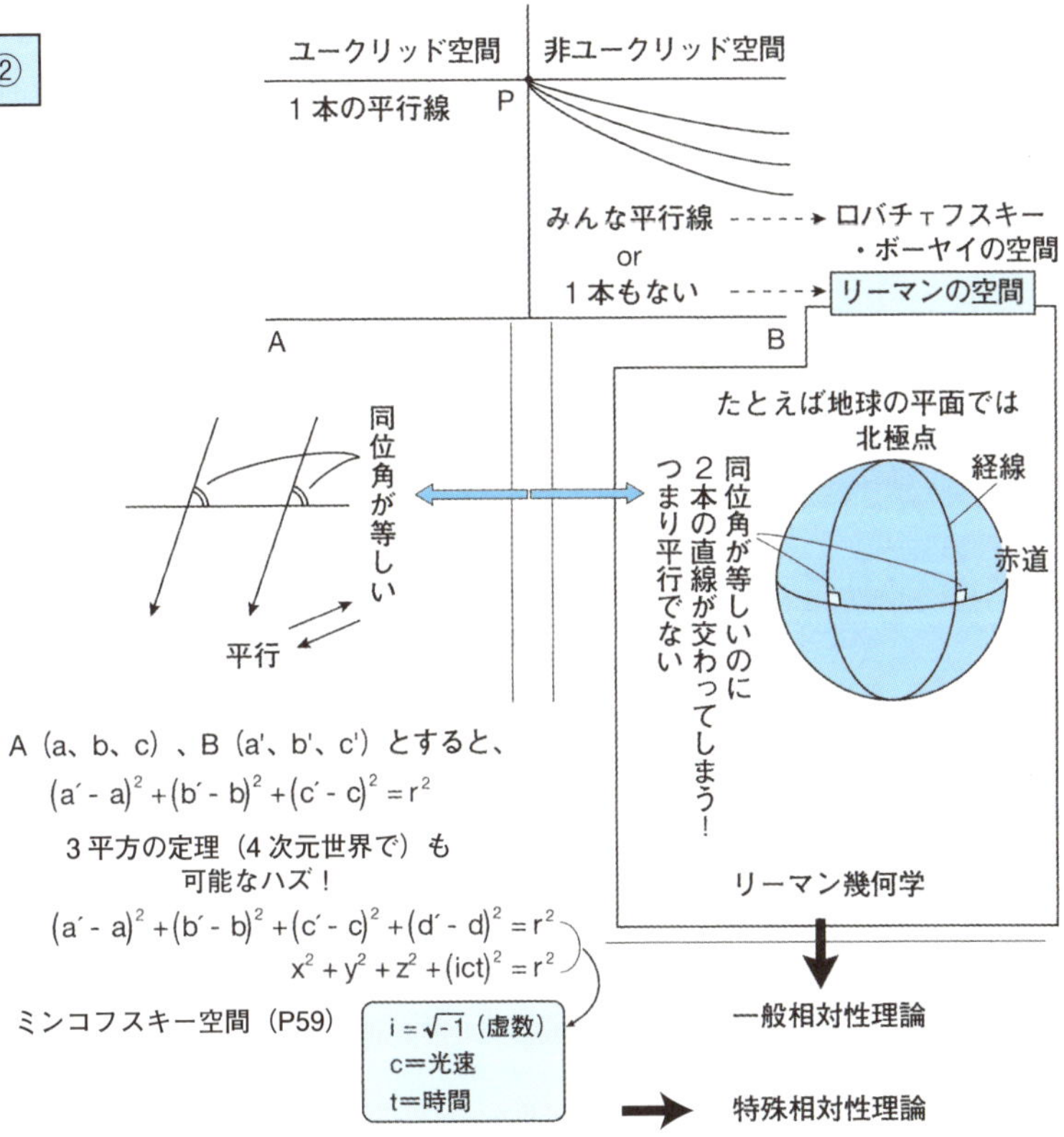
ユークリッド空間
非ユークリッド空間
1本の平行線
P
みんな平行線
or
1本もない
ロバチェフスキー
・ボーヤイの空間
リーマンの空間
A
B
同位角が等しい
平行
たとえば地球の平面では
北極点
経線
赤道
同位角が等しいのに
2本の直線が交わってしまう!
つまり平行でない
リーマン幾何学
一般相対性理論
A（a、b、c）、B（a'、b'、c'）とすると、
$(a'-a)^2+(b'-b)^2+(c'-c)^2=r^2$
3平方の定理（4次元世界で）も
可能なハズ！
$(a'-a)^2+(b'-b)^2+(c'-c)^2+(d'-d)^2=r^2$
$x^2+y^2+z^2+(ict)^2=r^2$
ミンコフスキー空間（P59）
$i=\sqrt{-1}$（虚数）
c＝光速
t＝時間
特殊相対性理論

column 4

アインシュタインの生涯④ ～そしてアメリカへ～

一般相対性理論の研究は1912～3年ころからスタートするが、アインシュタインがベルリンに移るころ、本格化する。折しもドイツは、彼がドイツを捨てた9年前よりずっと軍国化していた。彼はもともとそういう風潮を好まず、ベルリン行きを渋ったが、案の定、間もなく第一次世界大戦が勃発。アインシュタインは戦火をよそに1915年から16年にかけ、理論を完成させる。

戦争中、ドイツの93人の一流の知識人たちがドイツの戦争開始を擁護する声明書を出すと、アインシュタインはそれに反対して国際協力を擁護する声明書に署名して、大衆の反感を買う。戦争がドイツの敗北に終わると、責任をユダヤ人に転嫁《てんか》する声が軍部などからあがり、徐々に大衆に受け入れられていった。

一方、アインシュタインは、日食の観測で一般相対性理論が実証されたことが、マスメディアで世界中に報道され、一躍スーパースターへ。英、仏、米そして日本といった国に招かれ、気さくな人柄でますます人気を高めていく。超インフレにあえぐドイツの大衆は、そうした世界的な人気に嫉妬まじりで、反ユダヤ人の感情の標的をアインシュタインにしぼっていく。

彼は、自らの出自《しゅつじ》とデラシネのような半生についてこう答えている。「もし相対性理論なんて嘘っぱちだということになれば、フランス人にはスイス人と呼ばれ、スイス人にはドイツ人だといわれ、ドイツ人にはユダヤ人だと呼ばれていたことでしょうね」。

ヒトラーのナチが政権を握ると、アインシュタインはいたたまれず、アメリカに脱出する。ユダヤ系の優秀な科学者たちも後に続く。彼を包容し得なかったドイツと、包容し得たアメリカとの差異に第二次大戦の勝敗の行方がすでに予兆されていた。

第5章

宇宙論とともにマクロの世界へ

日食の観測で証明された一般相対性理論

アインシュタインを有名にした実験

一般相対性理論は、曲率とかテンソルとかいった難しい数字を使った理論として完成される。しかし、理論をチェックし、検証できる現象がなかなか見つからなかった。アインシュタインも不満で、自分でもいろいろ考えた。

一般相対性理論を実験的にチェックするために、太陽の重力を利用した有名な実験が3つある。なかでも代表的な、**太陽重力場による光線の弯曲《わんきょく》**を紹介しよう。

日食のとき、地球から見て太陽のうしろ側にある恒星Aは、太陽にさえぎられ、常識的には地上の人Pには見えないハズだ。しかし、一般相対性理論によれば光線は太陽の重力によって弯曲する。それで恒星Aから出た光はA→S→Pのようにカーブを描いて、地球に到達する。この恒星Aを地上の人Pから見れば、PSを結ぶ直線の延長上のA'の位置にあるように見える。

アインシュタインの理論を使って、ASとA'Sの間の角度を計算すると、1・75角秒となる。角秒というのは、1度の60分の1の角度のこと。日食の観測で確かめてみようと、1912年、14年、16年、18年と試みられたが、雨にたたられたり、第一次世界大戦の余波でいずれも失敗。1915年5月29日、ブラジルと西アフリカで観測され、写真が撮られた。ロンドンで撮った写真と比べられ、アインシュタインの予測通りであることが明らかになった。この発見は、当時の新聞で大々的に報道され、アインシュタインの名は世界中に知られるようになった。

太陽重力場による光線の弯曲

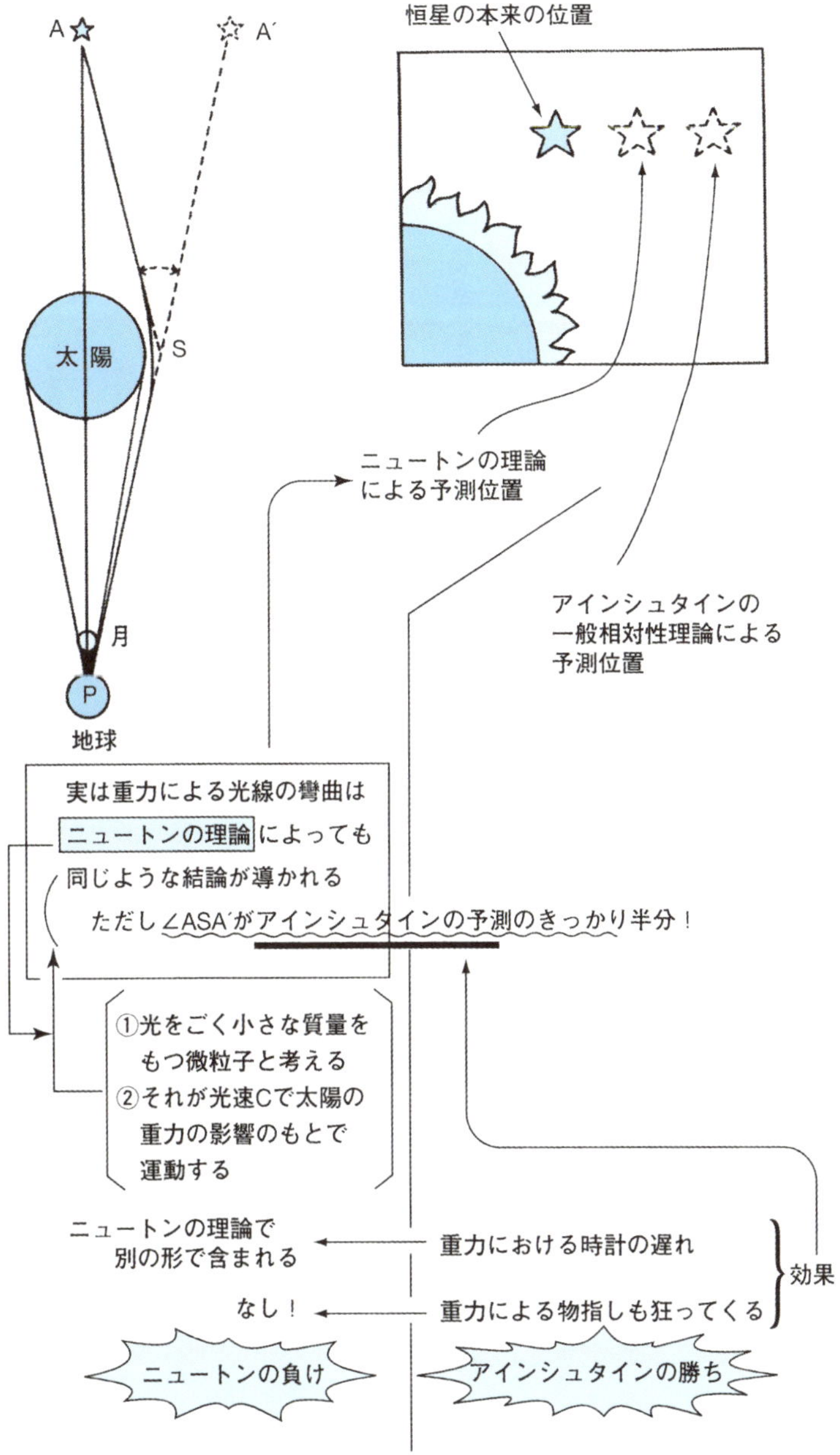

「太陽光の赤方偏移」実験

重力によって光は変化する

一般相対性理論をチェックするために、アインシュタインが提案した３つの方法のうち、最初に検証されたのが、水星の近日点移動の観測だ。太陽のまわりを公転する楕円軌道で最も太陽に近づく近日点が少しずつずれていく。そのずれはニュートン力学でほとんど計算できるが、ほんのわずか差が出る。それを観測すれば、一般相対性理論で説明できるというもの。惑星の観測データは数千年にわたる蓄積がある。太陽に最も近い水星での観測ならば、ほんのわずかな差が出るはずだとした。ピタリであった。

最後に検証されたのは**重力による光のエネルギーの変化という効果だ。これは、重力の強いところから弱いところにやってきた光は、エネルギーが減って出てくる**というもの。たとえば青だった光が赤いほうへずれる。そこで、この効果を「**赤方偏移**《せきほうへんい》」と呼んでいる。

これはなかなか難しくアインシュタインの提案とは別の形で検証された。１９７６年、アメリカのスミソニアン天体物理観測所がロケットを１５００㎞の上空にまで打ち上げて実験を行なった。地上に置いた放射線イリジウムから放射されるガンマ線を、ロケットに乗せた同じイリジウムを使ったガンマ線検出器で吸収し、検出する実験だ（図①）。イリジウムが停止していれば、波長がズレているので吸収は起こらない。左図②の左の場合がそれだ。ロケットが上昇や下降運動を続けていえる間は、※**ドップラー効果**で波長が長くなり、ちょうどよい速度のときに限って吸収が起こる。そのときのロケットの速度と照らし合わせて波長のズレを決め、赤方に偏移する効果を実証したのだ。

図①

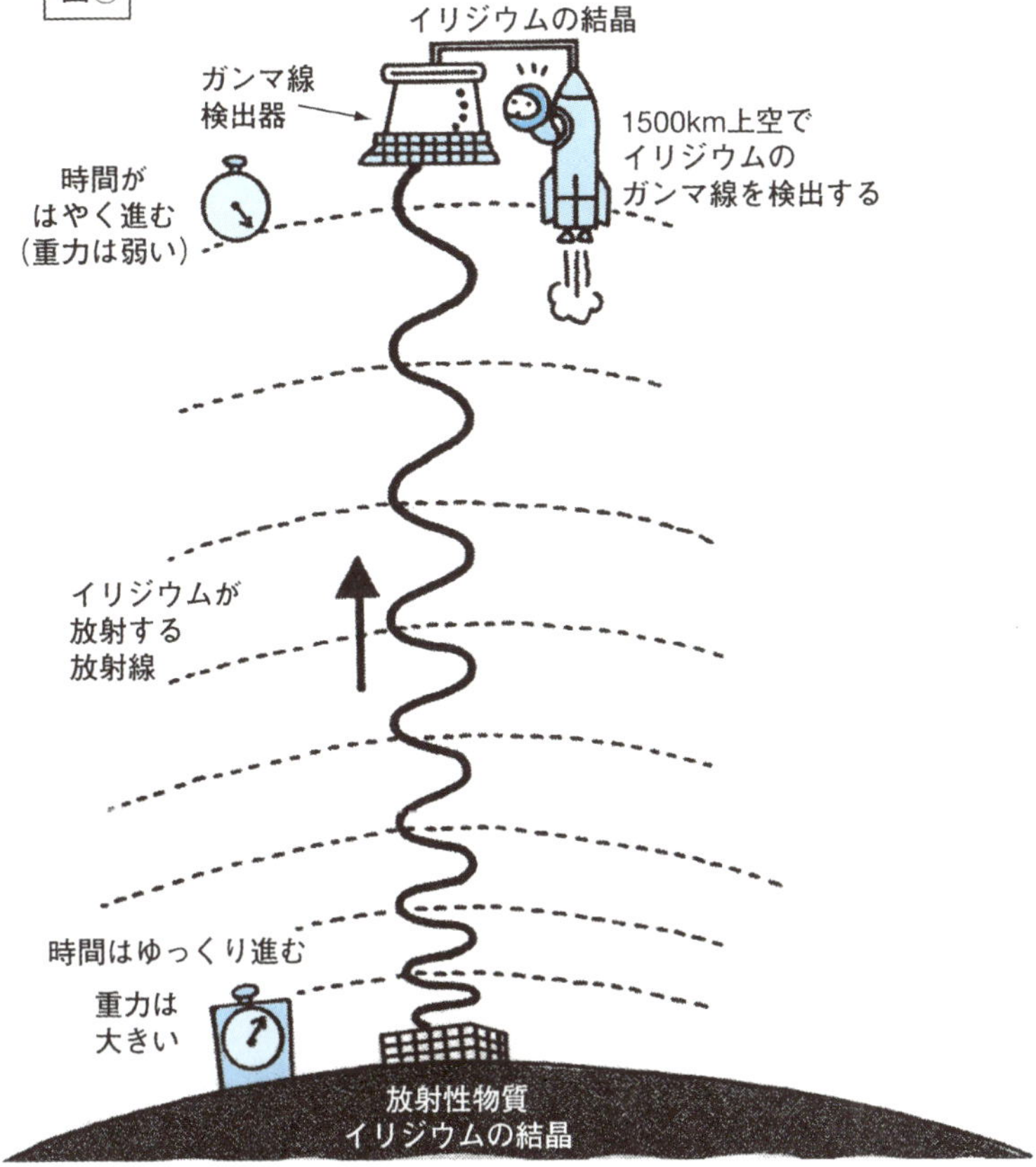

図② ドップラー効果にみる波長の増加
（図①のガンマ線検出器の部分を拡大）

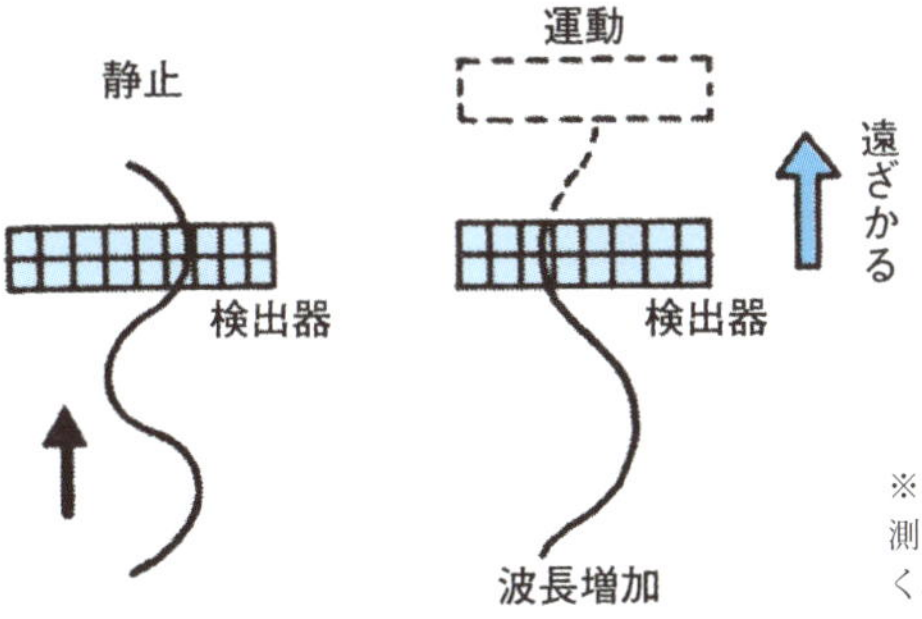

※ドップラー効果…波源と観測者が近づけば振動数が高く、遠ざかれば低くなる減少

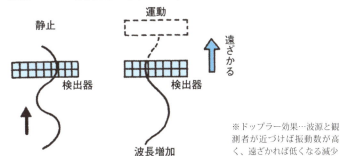

光と宇宙を解き明かす!!

〝特殊〟は光、〝一般〟は重力の世界で生きる

目に見える日常世界でいちばん速いものは、実は地球。秒速30㎞で太陽のまわりを回っている。それでも光の速さの1万分の1ほど。

しかし、原子とか素粒子などの「ミクロの世界」に行けば、光速にもっと近い速さで動いているものはいくらでもある。たとえば、電気を運ぶ電子。テレビのブラウン管とか、X線や放射線を発生させる装置などの中では光速に近い速さで動いている。こうしたミクロの世界の出来事では、特殊相対性理論の効果がハッキリと現れる。特殊相対性理論は、電磁気など物理学のすみずみにまで影響を及ぼしている。それに比べて、一般相対性理論の効果は、我々の身のまわりではとても稀《まれ》な現象だ。一般相対性理論が登場するのは、重力と関係した現象においてだ。それなら我々の身のまわりによくある。物が落ちるって現象がそれでしょ、という人がいるかもしれない。でも、ここまで読み進めた本書の読者にはそんな人はいないでしょうね。リンゴの落ちるエピソードでわかるように、ニュートン力学で十分だからだ。

地球とか太陽とかいったような非常に弱い重力のもとでは、これまで述べてきたように、精密な実験をすることで、はじめて一般相対性理論の重力の効果を検出できる。我々は人工的に強い重力をつくることはできず、我々に与えられた自然の環境で、重力の実験を行なうしかない。

しかし、重力の実験にもうひとつのタイプがある。中性子星、ブラックホール、膨張宇宙など、ものすごく重力のあるところで起こる現象を見ることだ。さぁ、大宇宙へ旅立とう。

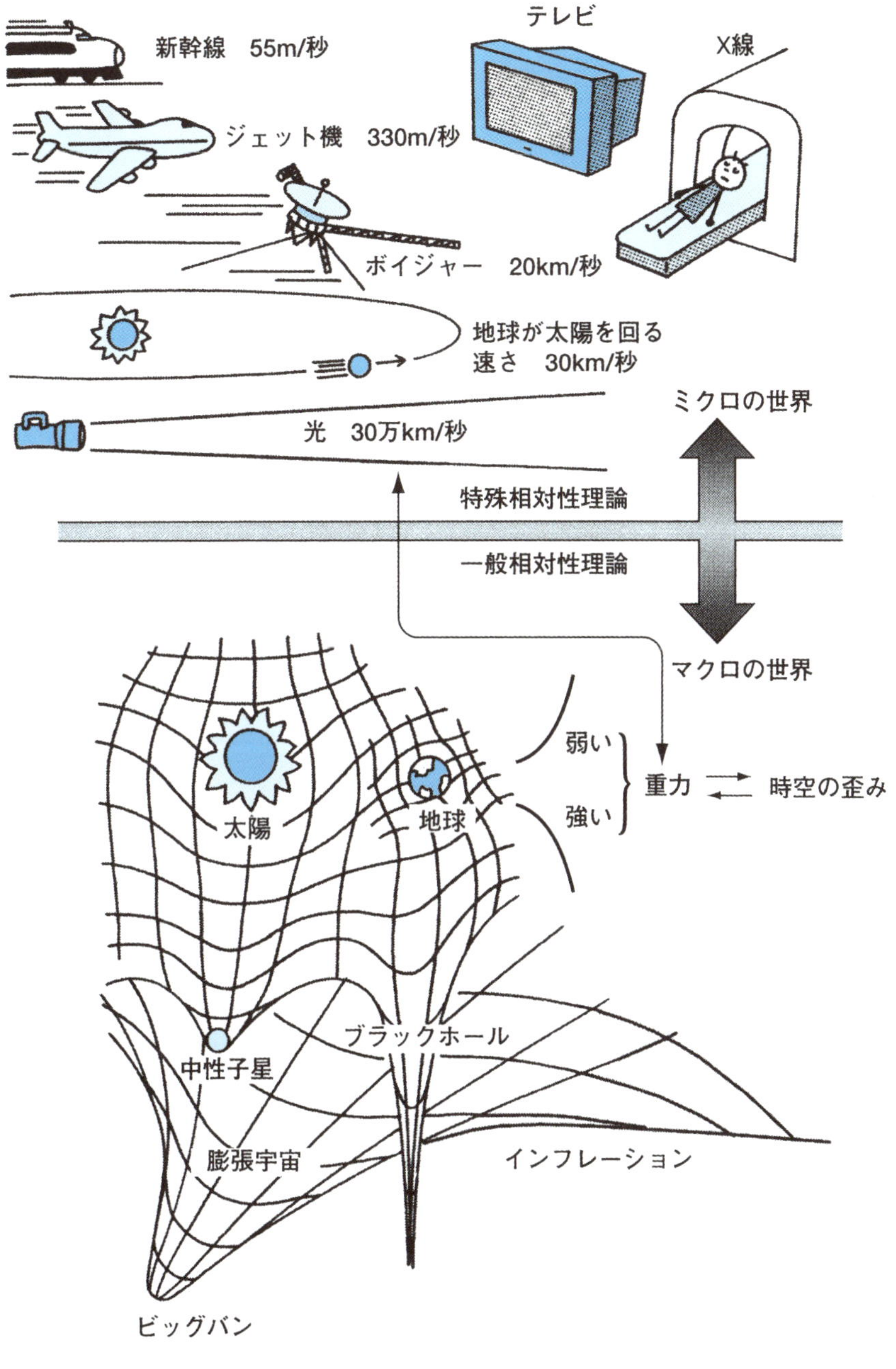
新幹線　55m/秒
ジェット機　330m/秒
ボイジャー　20km/秒
テレビ
X線
地球が太陽を回る
速さ　30km/秒
光　30万km/秒
ミクロの世界
特殊相対性理論
一般相対性理論
マクロの世界
弱い
強い
重力
時空の歪み
太陽
地球
中性子星
ブラックホール
膨張宇宙
インフレーション
ビッグバン

異星の「緑の小人」からの信号

中性子星の発見と時空の歪み

1967年、イギリス・ケンブリッジ大学のヒューイッシュ教授と大学院生ベルらは、こぎつね座の方角から約1・3秒ごとにやってくるパルス状の電波を発見した。そのパルスは、驚くことに精度1億分の1という地上の原子時計並みの正確さでやってきた。これほど正確な信号を送ってくるのは、異星の知的生命体に違いない！　発見者たちは「**緑の小人**」と名づけ、マスコミにはもらさず、観測を続けた。

その後、残念ながら異星人ではなく、前々から存在が予言されていた中性子星からのものであることが突き止められ、「**パルサー**」と名づけられた。パルサーは、あたかも燈台のサーチライトのように星ごと自転しながらピカピカとビーム状の電波や光、X線などを正確に送り出していたのだ。

1974年、パルサーと、もうひとつの中性子星が互いに公転している二重星が発見された。この二重星の公転周期は8時間という短さ。地球の公転周期1年と比較してほしい。そのうえ、公転軌道の半径は、太陽の半径と同じ程度。地球は太陽の半径の数百倍遠いところを回っているのと比べ、いかに強い重力のもとでお互いに公転しているかがわかろうというもの。

この中性子星がらみで、3つの一般相対性理論の効果が確かめられている。ひとつは、**水星の近日点移動**と同じ効果だが、こちらは1年間に4度も変わる。もうひとつはパルサーの信号がもう一方の中性子星のそばを通る際に、時間がよけいかかる「**時間の遅れの効果**」が検出されている。そして「**時空の歪みの波**」である「重力波」（次項）を放出して、公転周期が1年の間に1万分の1秒速くなっている。

星の一生

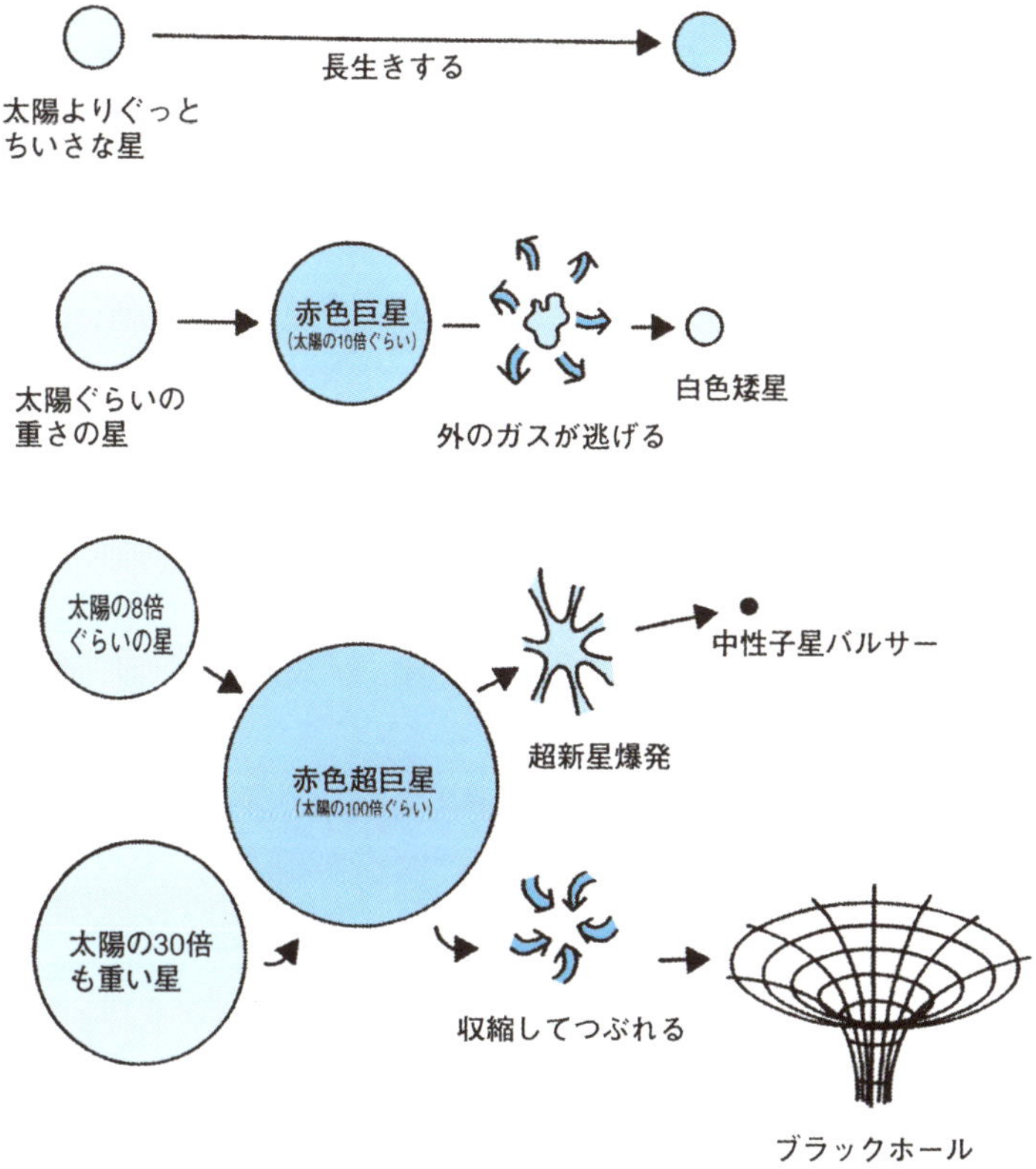

中性子星

質量が太陽の6～8倍以上の星は、死に際し、超新星爆発を起こして崩壊し、爆発によって密度が高くなると、電子が陽子に吸収され、内部の大部分が中性子でできた中性子星になる。

大きさは半径わずかに10キロ程度。密度1cm^3あたり、富士山の重さとほぼ同じ10億トン。中性子星が非常に速い速度で自転しているのが、パルサーだ。速いもので100分の1秒位で自転している。

時空を羽ばたく蝶 ―重力波

物質は存在しなくても重力は現れる

１９１６年、アインシュタインは『一般相対性理論』を完成させ、それにもとづいて、重力波の存在を予言した。発表された当時は検出のために必要な技術が存在しなかった。

この重力波こそ、一般相対性理論をニュートン理論と決定的に決別させる事象だ。

ニュートン理論では物質が重力の源なので、物質が存在しなければ重力も現われない。それに対し、一般相対性理論では物質が存在しなくても時空は曲がることができ、しかもその時空の曲がりは振動として光速で伝わることができる。それが重力波だ。

ところで、マクスウェル以前は電荷のないところには電磁場は存在しないと考えられていた。マクスウェルが電磁場を電荷の束縛《そくばく》から解放し、電磁波として時空を伝わることを発見した。ファイ

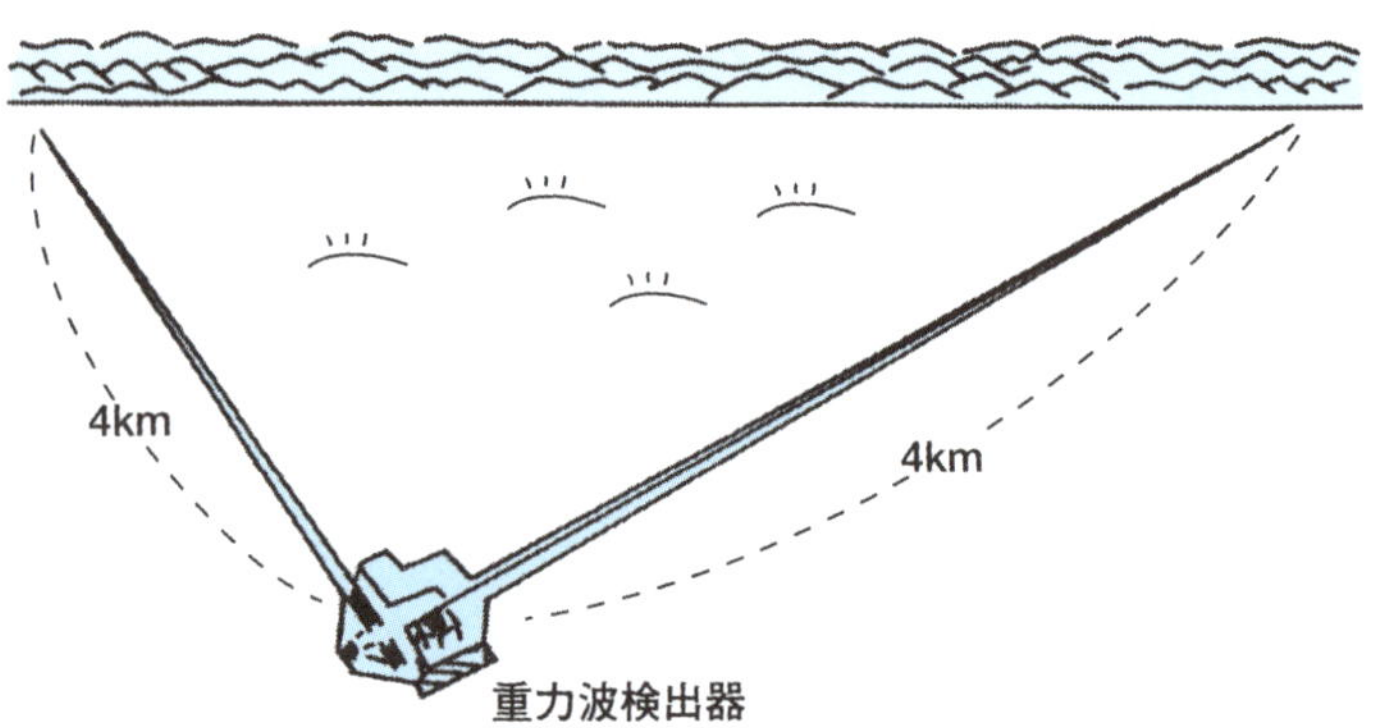

アメリカでＬＩＧＯ《ライゴ》（レーザー干渉計重力波観測所）計画の名で、巨大重力波検出器（腕の長さ4㎞のレーザー干渉計）の建設が進み、2002年に宇宙重力波の探査が開始された。しかし、2010年までのＬＩＧＯの運用では重力波を検出できなかった。そのため、施設を停止し、改良を施した。2016年初頭、ついにＬＩＧＯは重力波をとらえた。その後も3度にわたりブラックホールの合体によって生まれる重力波を確認した。研究チームを率いてきた科学者たちは2017年ノーベル物理学賞を受賞した

ンマンはこれを「**さなぎが蝶になった**」と表現した。重力波も、アインシュタインによって物質の束縛から解放され、さなぎが蝶になったのだ。

　重力波は物体が加速度運動をするとき、いつも放出されている。電気をもったもの（電荷）が加速度運動すると電磁波が出るのと同じようなことだ。ただし、重力波が運ぶエネルギーはほんのわずか（下図）。それで天体のような膨大な質量が激しい運動をした場合にのみ、重力波の放出が問題になる。星が重力崩壊してブラックホールや中性子になったりする場合だ。ふたつの中性子が合体した際、金やプラチナといった貴金属が大量に放出されている様子が検出されている。今後、重力波天文学が発展すれば、宇宙がどこまで膨張するのか、あるいはどこかで小さくなって消え去るのかわかるだろう。重力波が別の次元に滲《にじ》み出ているのか、なんて話も世を騒がすだろう。さらに宇宙の始まりから重力波、「原始重力波」の検出に、世界中の重力波の研究者が挑んでいる。

悟空が如意棒を振りまわせば、重力波が発生する。だが重力波によって運ばれるエネルギーはほんのわずか

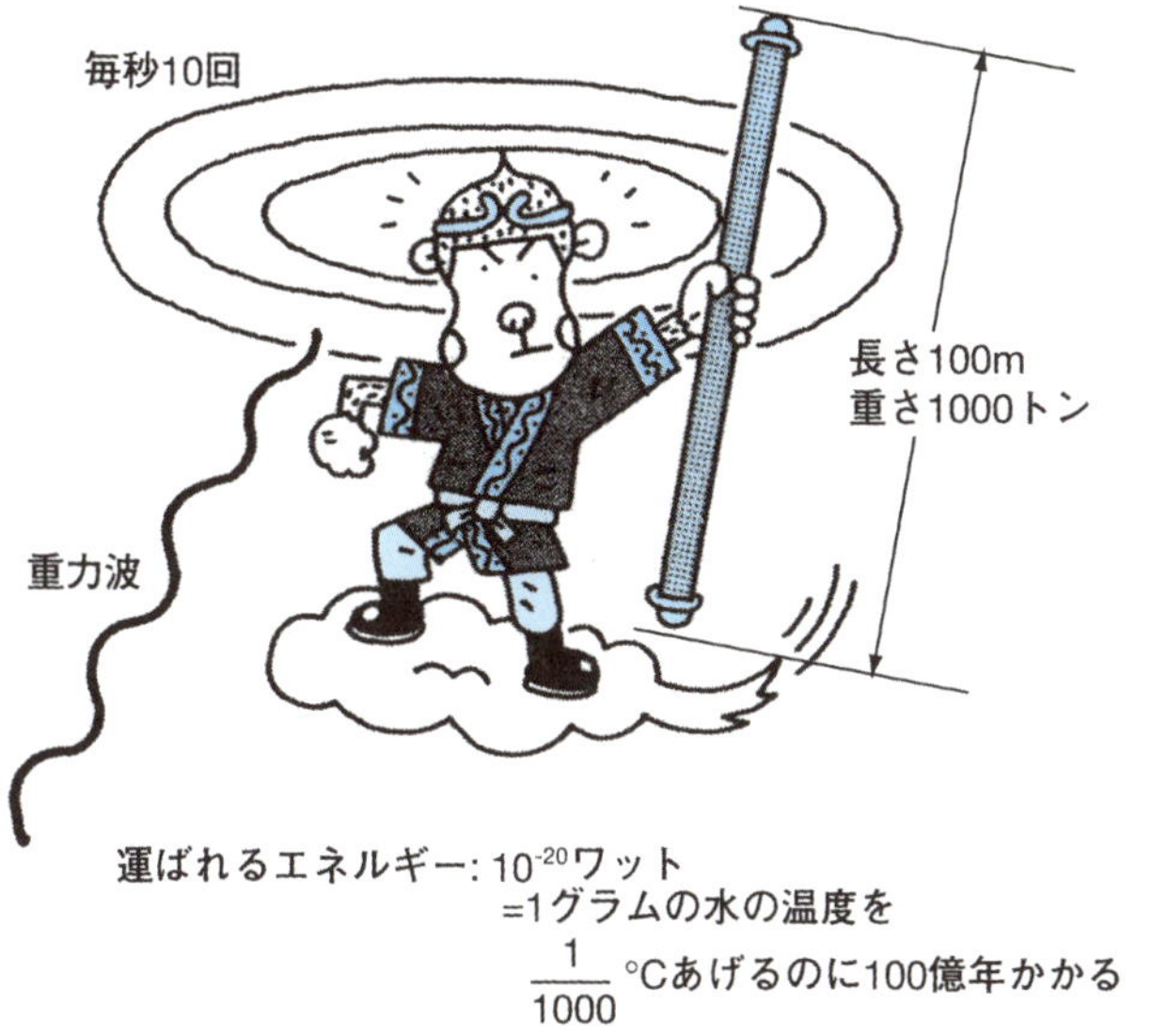

ブラックホールと相対性理論

ブラックホールの大きさは方程式でわかる

「ブラックホール」という言葉の起源は新しく、１９６９年、アメリカの科学者ジョン・ホイラーによって生み出された。

しかし、その考えは古く、１７３８年、英ケンブリッジ大学の学監だったジョン・マイケルが一篇の論文を書いたのが始まりである。光が粒子で有限の速さで伝わるのなら、星が十分な重さをもち、物質が固く詰まっていると、光が脱出できないほど強い重力場をもつだろうとした。

時が経ち、アインシュタインが『一般相対性理論』を完成させた翌年、ドイツの天文学者シュワルツシルドは、病気のため第一次大戦から復員した。シュワルツシルドは翌年5月に病死するが、死の直前、アインシュタインの重力場の方程式を解いて、**シュワルツシルドの半径の公式**（下図を

シュワルツシルド半径

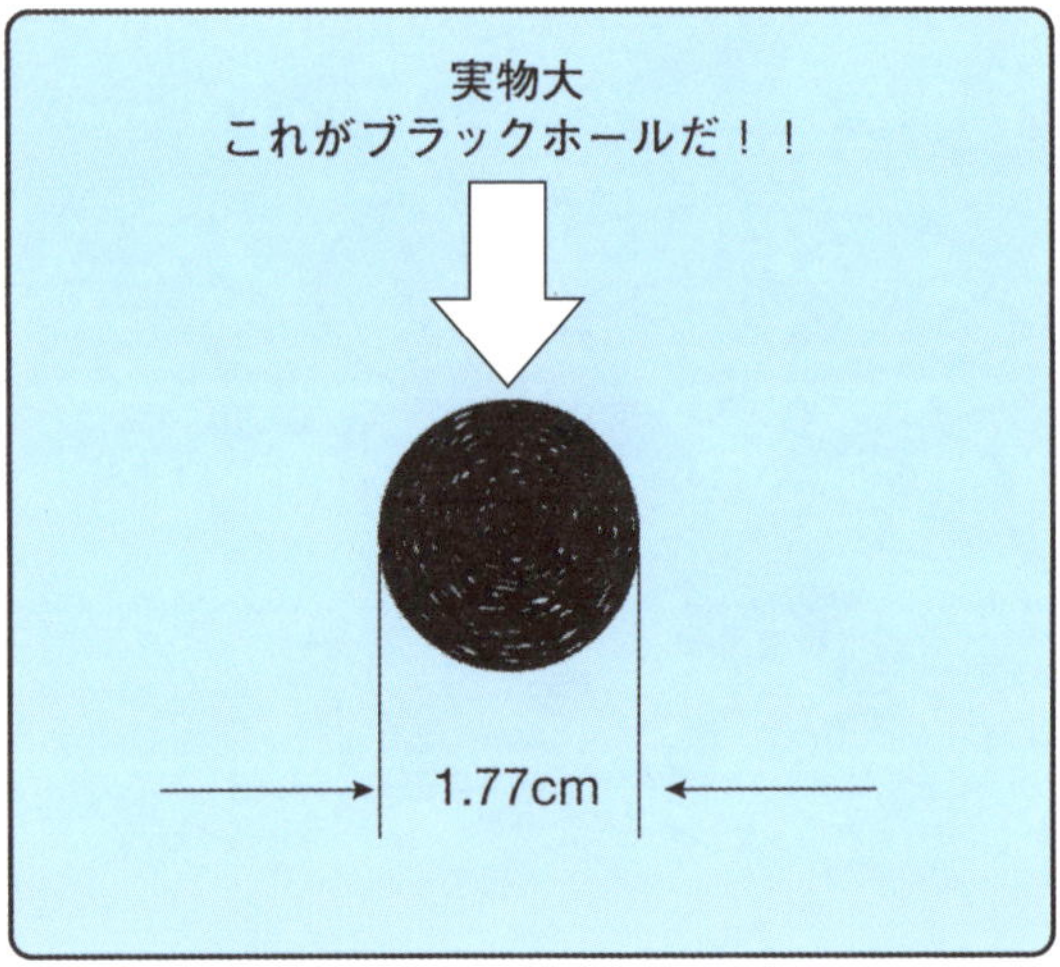

参照）を打ち立てた。ブラックホールの大きさがわかる式である。アインシュタインは、自ら提案した方程式が厳密に解けるとは考えてもいなかったので、シュワルツシルドの発見に非常に驚いた。

1928年、インドの大学院生スブラマニャン・チャンドラセカールはケンブリッジ大学で一般相対性理論の専門家アーサー・エディントンについて学ぶための船旅に出た。彼は船上で、太陽の1・5倍以上の質量をもつ冷たい星は自らの重力に抗しきれずにつぶれ、密度無限大の一点にまで崩壊してしまう、と計算した。この質量は、**チャンドラセカール限界**と呼ばれる。エディントンはこれを信じず、アインシュタインもわざわざ論文を書いて否定した。だがブラックホールは実在するのではないか、という疑いは残った。……以降のブラックホール研究史については、『ホーキング、宇宙を語る』（早川書房）を参照されたい。

●地球の質量$M \fallingdotseq 5.974 \times 10^{27}$g
●重力定数$G \fallingdotseq 6.67 \times 10^{-8}$dyn/cm
●光速度$C \fallingdotseq 3 \times 10^{10}$cm/s

以上をシュワルツシルドの半径の公式

$$r = \frac{2MG}{C^2}$$ に代入すると

物体の質量=M
重力定数=G
光速度=C

地球がブラックホールと化す時の半径rは

$$\frac{2 \times 5.974 \times 6.67 \times 10^{19}}{9 \times 10^{20}} \fallingdotseq 0.885$$

半径0.89センチにまで地球を圧縮できれば、地球はブラックホールになる

（石原藤夫、金子隆一『科学オンチ版相対性理論なるほどゼミナール』日本実業出版社〜84年刊）

宇宙は伸び縮みする!?

宇宙定数が導いた宇宙創生の鍵

一般相対性理論が成立する以前は、時間や空間は物質の単なる容《い》れ物であり、あらかじめ（神によって？）与えられたものであり、物理学の対象ではなく、形而上学《けいじじょうがく》や哲学が考察し議論した。一般相対性理論が成立して初めて、我々の住む全宇宙の時空の構造や進化を論ずることが可能になった。アインシュタイン自身、理論完成直後にこれを認識し、宇宙論の研究を始めた。

アインシュタインは当時の多くの人々と同じように、宇宙は永遠不変だと信じていた。「自然は単純で美しい」という信念にピッタリであったのだ。そこで、一般相対性理論で重力によって収縮してしまう宇宙を支えるために、**空っぽの空間同士が互いに反発し合うはたらき**（「**宇宙定数**」）を、重力場の方程式につけ加えた。こうして、アインシュタインは１９１７年、宇宙定数によって重力と「**宇宙斥力《せきりょく》**」と釣り合わせ、収縮も膨張もしない、今日、アインシュタインの**静止宇宙モデル**と呼ばれるものをつくった。このとき、アインシュタインは、宇宙モデルの創造者として、自ら神の位置に限りなく接近した。

しかし、１９２２年、ソ連の物理数学者Ａ・Ａ・フリードマンは、アインシュタインの重力場の方程式を素直に解いて、宇宙が膨張したり、収縮することを示したが、アインシュタインは信じなかった。同じように宇宙の膨張を予言したベルギーの神父Ｇ・ルメートルに対しても、「おまえは物理的センスがない」と叱《しか》りつけた。

１９２９年、アメリカのＥ・Ｐ・ハッブルが宇宙の膨張を具体的な証拠をもって示すと、宇宙定数を取り下げ、「宇宙定数の導入は人生最大の失敗だった」と率直に恥じた。

だが、時は移る。今では宇宙定数は宇宙創生論、インフレーション理論のもっとも基本的な要素とされる。しかも、古い星の年齢に比べて宇宙の年齢を十分長くするには、現在の宇宙に宇宙定数が残っているほうがいいのだ。

しかも、宇宙定数（宇宙項ともいう）こそ、宇宙創生の鍵を握っていることが、日本の宇宙物理学者の佐藤勝彦東大名誉教授によって明らかにされたのである！　ちなみに、インフレーションが起きた宇宙が誕生し、38万年後までの間、あまりにも高温高密度で光を見ることができなかった。

しかし重力波にはあらゆるものを突き抜ける性質があるので、原始重力波は今も宇宙を漂っていると考えられる。原始重力波が検出できれば、インフレーション理論は最終的に検証され、佐藤教授は間違いなく、ノーベル賞を受賞するであろう。

宇宙膨張の様子

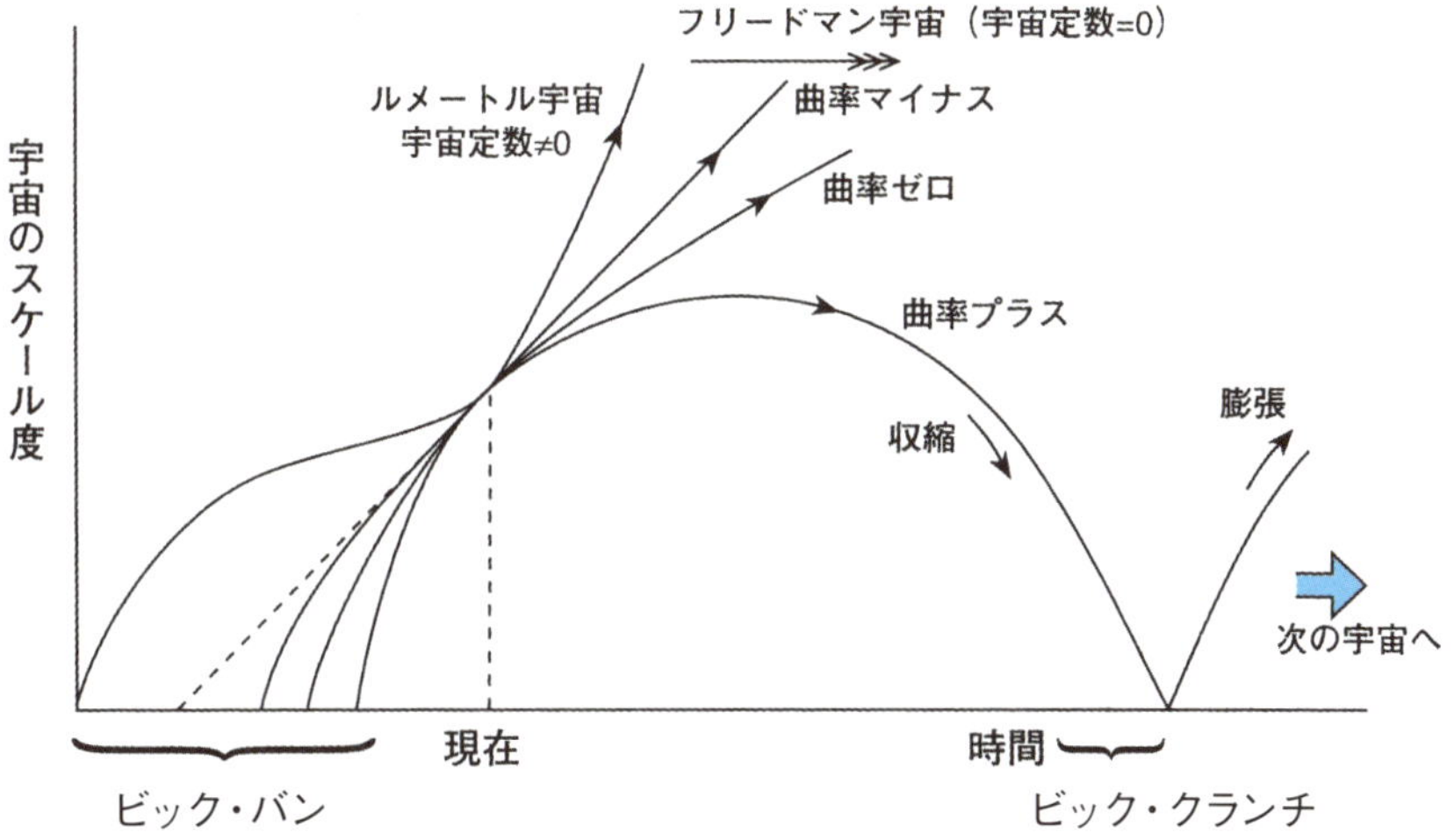

ビッグバン以前に宇宙はなかった

相対性理論がつきとめる〝天地創造〟

フリードマンやルメートルは前項で述べたようにアインシュタインの方程式を解いて、宇宙の膨張を見つけたが、彼らは宇宙ははじめから冷たかったとした。それに対し、ガモフは１９４６年現在の宇宙の元素の分布からすると、宇宙は火の玉から始まったはずだとした。１９６５年、「※**３度K宇宙背景放《はいけいほう》射《しゃ》**」が発見され、宇宙が火の玉だったという証拠が提出された。

ビッグバン理論は、アインシュタインの一般相対性理論とそれにもとづいたハッブルの膨張宇宙、３度K宇宙背景放射という２つの観測事実にもとづいている。これを、宇宙の歴史を描く「**標準理論**」という。しかし、ビッグバン理論には、とてつもない困難が待ち構えていた。宇宙の膨張を単純にさかのぼれば、曲率も温度も、そして密度も無限大の一点から始まったことになる。それでもいいじゃん、と凡人は考える。でも、それでは困ると考えるのが物理学者。そこで考え出されたのが、**振動宇宙モデル**だ。宇宙は収縮するが、曲率・温度・密度無限大まで行かず、ある時点で密度が高くなって温度が高くなり圧力も高くなって、その結果、跳ね返って、今は膨張している。それがいつか収縮に転じたのだという。

ところが、１９６５年から７０年にかけ、ホーキングとペンローズが、膨張宇宙は必ず特異点から始まらねばならないということを、一般相対性理論を使って証明してしまった。それで、振動宇宙は完全にダメだ、ということに相成った。一般相対性理論にもとづく宇宙観によると、ビッグバンの前に収縮する宇宙は存在しなかったのだ。あれはおもしろかったのになぁ。残念。

宇宙の標準理論

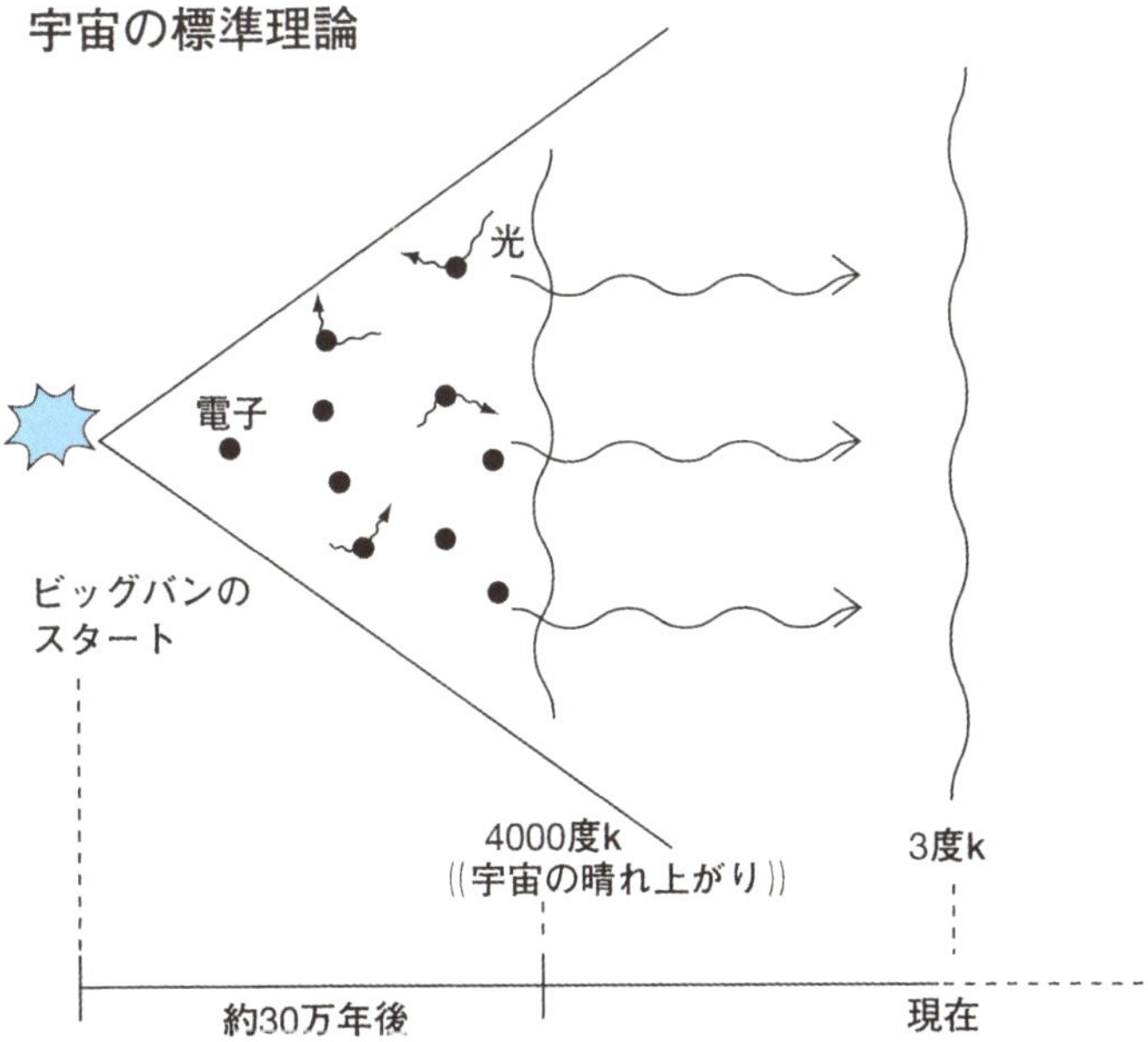

ビッグバン直後の宇宙は超高温のため原子核のままのものと電子があふれ、ふえていって不透明であった。それから約30万年後、電子は原子の中に収まり光が直進できるようになった。
この状態を宇宙の晴れ上がりという。なぜなら、あたかも霧が晴れ、晴天になって光が直進できるようになったようなものだから

フリードマンの宇宙モデル

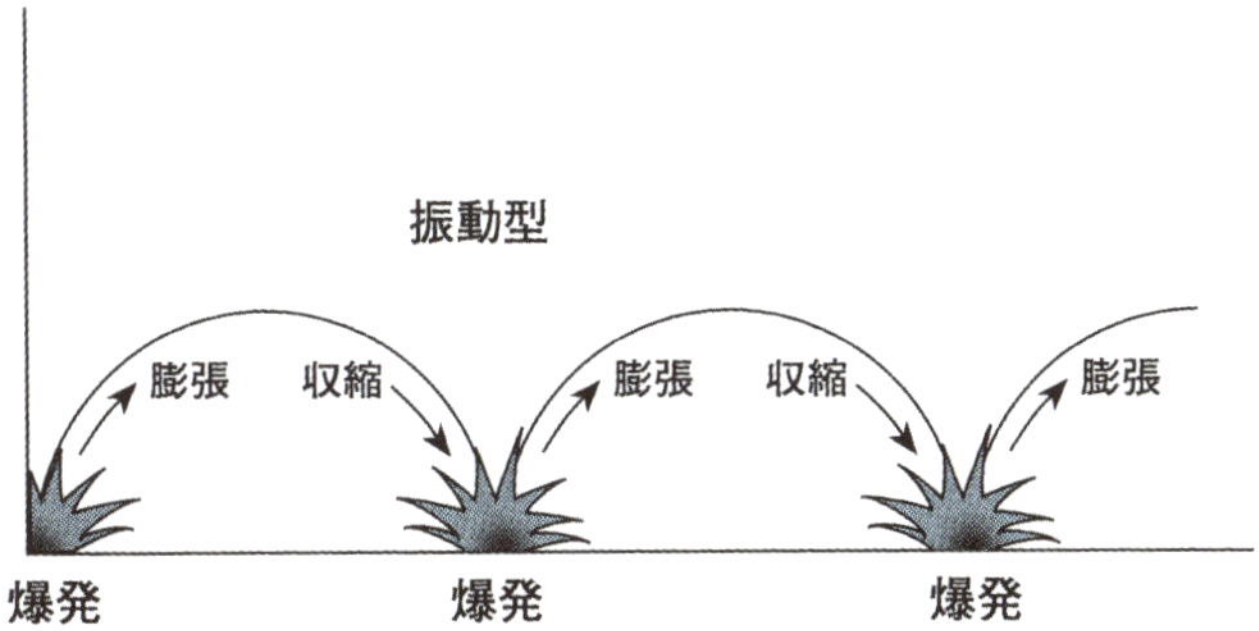

※ 晴れ上がったばかりの宇宙からやって来る一様な電波の放射のこと。地球から全天のどの方向を測っても 3度Kになっているので、こう呼ばれる。Kとは絶対温度。絶対温度0はマイナス２７３度Cに当たる。

宇宙のインフレって何だ？

宇宙のはじめには真空のエネルギーが！

「宇宙は必ずある一点から始まる」という**特異点定理**が証明されたおかげで、1970年代にビッグバン理論は大きな困難を抱えてしまう。それを解決したのが、「**インフレーション理論**」である。折から急速な進歩を遂げた力の統一理論をふまえて、真空のエネルギーというものが宇宙のはじめに満ちあふれていた、と佐藤勝彦名誉教授。その真空のエネルギーをアインシュタイン方程式に代入すると、真空のエネルギーに万有引力定数をかけたものが現れた。それは、まさしく宇宙定数にほかならなかった。宇宙定数は、118ページで述べたように、アインシュタインが宇宙の収縮を止めるために立てたつっかい棒のようなもの。空っぽの空間同士が反発し合う力のことで、きわめて小さな数字だが、真空のエネルギーがそれに対応するので、式に代入してみると、つっかい棒どころか宇宙がものすごい勢いで膨張している。10^{-34}秒の間に、宇宙はおよそ10^{43}倍の大きさになるというから、まさしくインフレーション!!

宇宙が極端にドデカクなるので、解決困難とされた問題のひとつ、平坦性問題がたちまち解かれた。我々の住む領域が巨大な宇宙のごく一部なら、そこが曲率ゼロの平坦であっても何の不思議はない。

我々の宇宙がどうしてこんなに一様に見えるのか、という地平線問題も最初に存在した地平線がインフレーションでぱあーっと拡がって数百億光年の大きさになったとすれば、解決した。

銀河団とか超銀河団とかグレート・ウォールとかいった宇宙の大構造も、小さな領域の上に小さな波が立ち、その波がグググーッと引き伸ばされたから出てきた、という。

宇宙のインフレが解決した3大問題

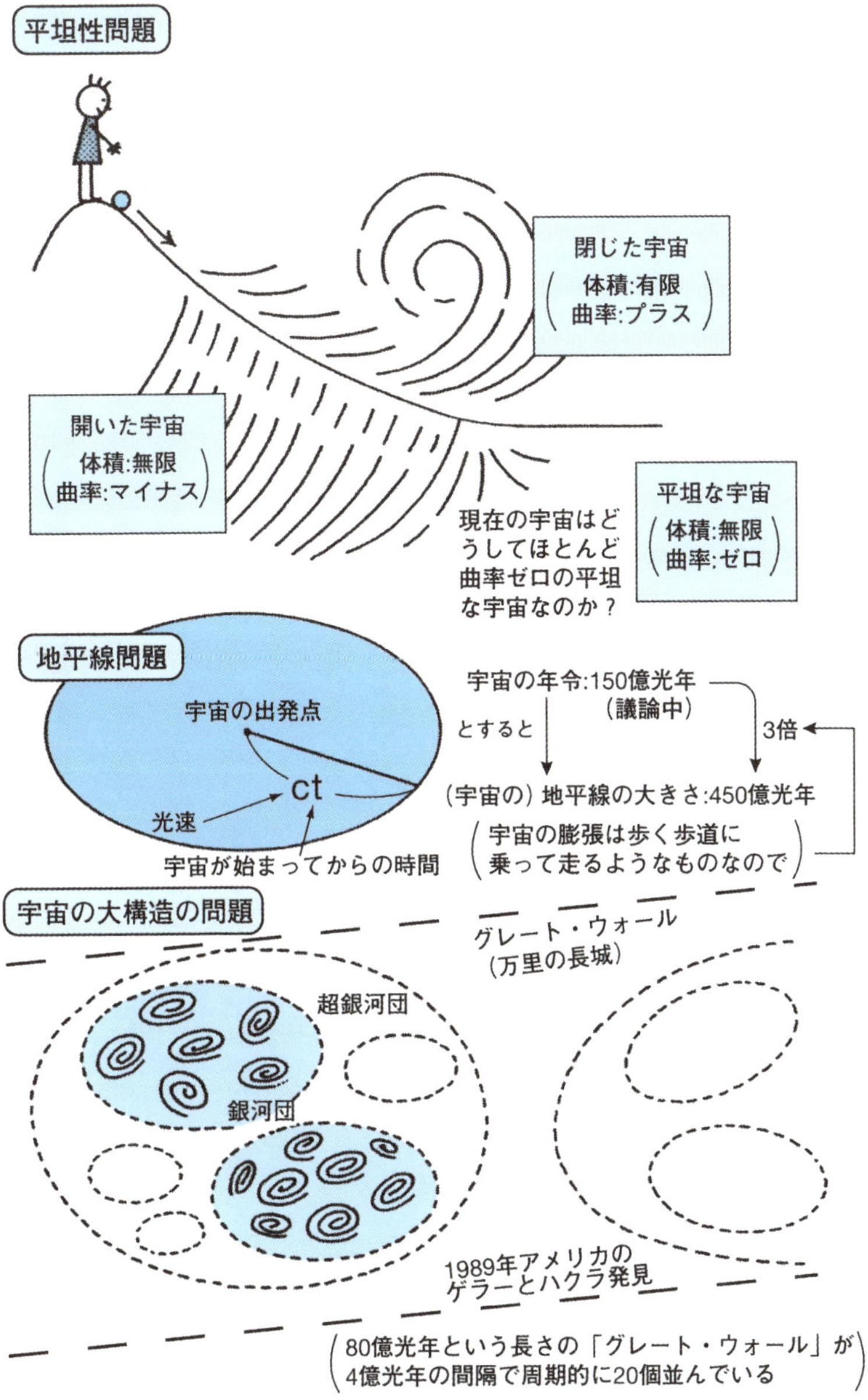

カーナビも相対性理論の申し子だ

ぼくらはみんな相対性理論的世界に生きている！

ご存知、カーナビは「GPS衛星」（Global Positioning System）からの電波を利用して、車の位置を知る技術である。GPSでは原子時計を搭載《とうさい》した24機の人工衛星がアメリカ合衆国によって地上約2万kmの高空に打ち上げられている。衛星からの電波を受信して、電波発射の時刻と受信の時刻との差より、衛星から受信機までの距離が出る。受信機側には、原子時計より精度がよくないが値段の安い水晶時計が搭載されている。4機の衛星を使って受信機の時計のもつ誤差が把握され、4元連立方程式をカーナビのコンピュータが瞬時に解いて、車の位置が出る。もし光速度不変の原理が成り立たず、光速度が方向によって変化すると、衛星と受信機との関係によって測定される距離に20kmほどの誤差が出てしまう。

また、衛星は半日で地球を一周する速度をもつ。運動する時計は遅れるという特殊相対的論的効果が出る。そのうえ衛星は地上2万kmにあるので、一般相対論的効果で地上の時計に比べて時間が進む。これらの効果を合計すると、時計が進む（62ページ参照）。このぶんだけ、アメリカの誇るGPS衛星は補正されている。

さらに、国際原子時（TAI）の扱いは100兆分の1以下で、それぞれの時計の重力ポテンシャル（98ページ参照）による進みや遅れも、それ以下の精度で補正されている。そして、光速度が有限であるので、地球回転の影響が時計比較に現れ、その効果の大きさが100ナノ秒以上に達し、それも補正される。僕らはすでにパクス・アメリカーナ（アメリカの平和）のもと相対性理論の世界に生きている！

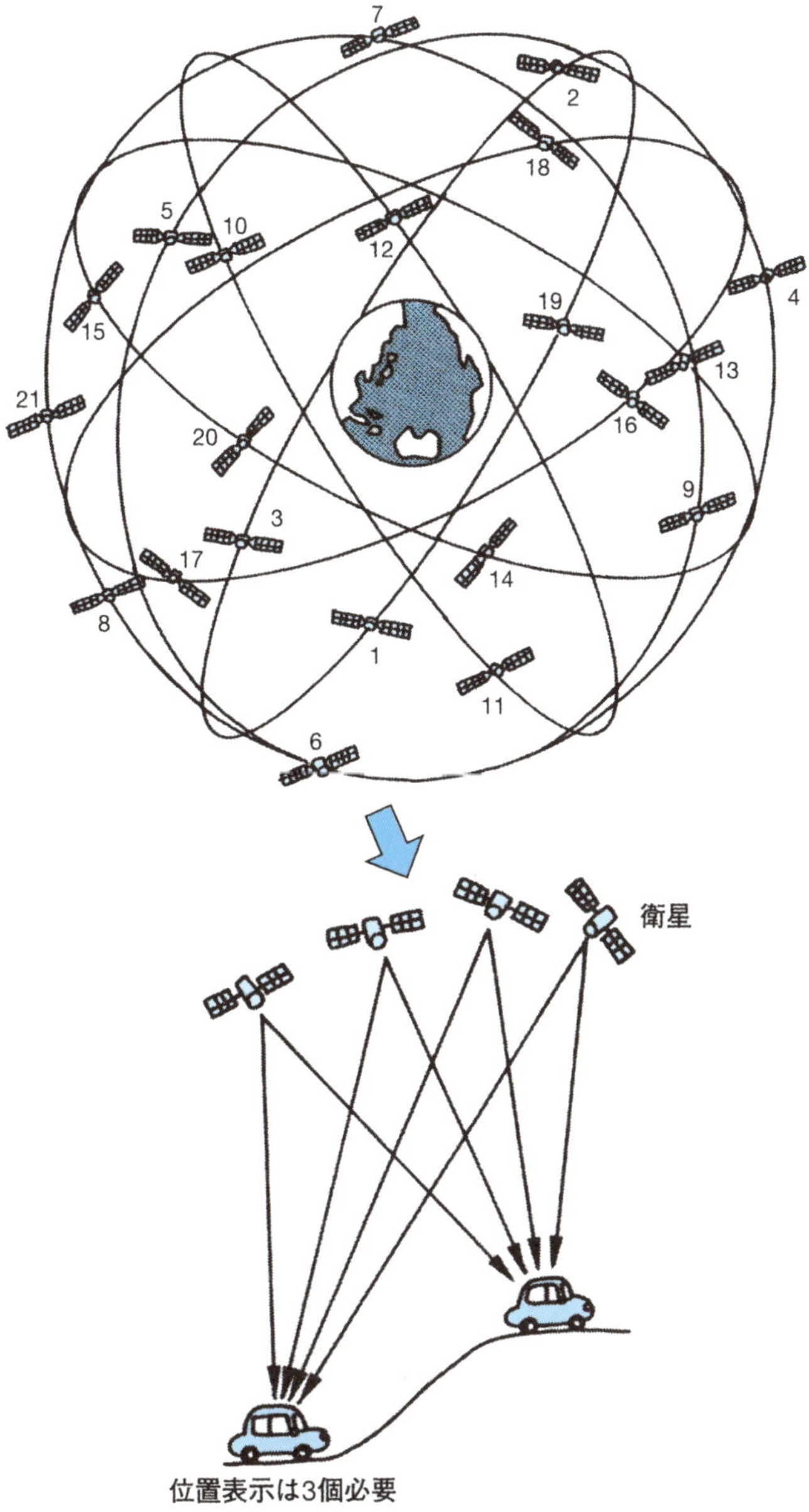

3個以上のGPS衛星からの電波を同時に受信して、位置測定を行なう

おわりに

相対性理論は量子力学と協力しあいながらミクロの時空を深堀し、マクロの宇宙を探索してきた。だが、アインシュタイン自身は「神はサイコロ遊びをしない」と、量子力学を嫌い、とりわけその確率的な予想を死ぬまで反対し続けた。

特殊相対論と量子論を統合しようとすると、「無限大」が出てきて発散しまう。「無限大」が出現すれば計算の結果が得られない。しかし、「無限大」を有限の実験値で置き換えると、すべてがうまくいく。繰り込み理論という。

ところが、繰り込み理論は一般相対論の時空では通じない。顔を覗かせた「無限大」モグラを叩《たた》き繰り込み、引っ込めてやっても、まるでモグラ叩きのように別のところに、「無限大」がパッと現われてしまうのだ。

特殊相対論と量子論のミックスが繰り込めたのは重力が出ずに、光子や電子などの素粒子が平らな時空の上に乗っているので、「繰り込み」で微調整すれば、コトが済む。それに対して、重力を扱う一般相対論では時空そのものが歪んでいる。しわくちゃのベッドクロスをいくら直そうと一部をいじくっても、他のところにしわよせが行ってダメなように、時空の歪みを直すには根源的な解決が必要になる。

アインシュタインは自らが産み出した相対性理論を確信し、量子力学を疑った。「自然界を支配する法則の美しさと合理的な統一性」を顕現するスピノザの神を信じた。対する量子力学陣の代表たるニールス・ボーアは、キュルケゴールの〝実存〟に強く影響を受けていた（ちなみにスピノザ『エチカ』もユークリッドの幾何学の構成に学んでいる)。

アインシュタインの手から離れ自走し始めた相対性理論は量子力学とともに、活躍の世界舞台を拡げてきた。その舞台上でパクス・アメリカーナの俳優たちが演技してきた。

パクス・アメリカーナは相対性理論を宇宙的な存在根拠としながら、量子力学の時空の歪みの認識で揺るがされつつ、したたかさを保持し続けていると私には感じられる。

一般相対論と量子力学とを統合しようとしたときに湧出《ゆうしゅつ》する、時空のしわくちゃは量子場という仮定で解決される。時空は、各点各点が動的に振動する内部構造を有する量子場を備えている。しわくちゃのスケールよりもずっと小さな場で運動の影響を予《あらかじ》め足しあげておけば、しわくちゃを受け止められる。これが量子重力理論である。量子重力理論は、松浦壮『時間とはなんだろう　最新物理学で探る「時の正体」』(講談社2017年刊)によれば、iPS細胞に似ているという。私たち人間を構成する細胞は心臓なら心臓の、皮膚なら皮膚の固定された役割がリセットされて、あらゆる細胞に分化する能力を取り戻せるというのが、iPS細胞であった。それに対して、量子重力理論は「宇宙開闢《かいびゃく》の瞬間には時間でも空間でも量子場でもない何かだったものが、その進化の過程で役割が固定され、現在の時空や量子場ができ上ったのだろう、というシナリオ」を説く。

あくまで例えだと松浦教授は言われるが、私はそこから翔《と》び立ちたくなる。そこまで言うなら現在の固定された時空や量子場の世界舞台の演じられるパクス・アメリカーナをリセットし、それこそ宇宙開闢の瞬間に戻る方策が建たないか。だが、そうするとパクス・アメリカーナ自体が瓦解《がかい》しかねない。パクス・アメリカーナはこのような「挑戦」に、「応戦」できるだろうか。

大宮信光 ● おおみや・のぶみつ

科学評論家。科学ジャーナリスト。1938 年東京生まれ。東京教育大学（現在の筑波大学）在学中から家庭教師、塾経営をはじめ、67 年に SF 同人雑誌『宇宙塵』に参加。78 年頃から SF 乱学者、科学 評論家を名乗り、科学技術と文明の未来を中心テーマに、森羅万象を狩猟・採集・料理する。おもな著書に、『眠れなくなるほど面白い 図解 科学の大理論』『面白いほどよくわかる化学』『面白いほどよくわかる気象のしくみ』（以上日本文芸社）、『世界にかがやいた日本の科学者たち』（講談社）、『天変地異のメカニズム』（かんき出版）など多数ある。

ブックデザイン：オオヤユキコ（ヴォックス）
イラスト：koeisya
図版作成：テラカドヒトシ
編集協力：日本・メディアコーポレーション（株）
　　　　　石森康子

●参考文献

石原藤夫『ニュートンとアインシュタイン』（早川書房）／廣松渉『相対性理論の哲学』（日本ブリタニカ）／アーサー・ケストラー『コペルニクス』（すぐ書房）／ホセ・オルテガ・イ・ガセット『ガリレオをめぐって』（法政大学出版局）／トーマス・クーン『科学革命の構造』（みすず書房）

眠れなくなるほど面白い 図解 相対性理論

2018 年 1 月 30 日　第 1 刷発行
2024 年 9 月 10 日　第10刷発行

著　者　大宮信光
発行者　竹村　響
ＤＴＰ　株式会社公栄社
印刷所　TOPPAN クロレ株式会社
製本所　TOPPAN クロレ株式会社
発行所　株式会社 日本文芸社
　　　　〒 100-0003　東京都千代田区一ツ橋 1-1-1　パレスサイドビル 8F
　　　　URL https://www.nihonbungeisha.co.jp/

Printed in Japan 112180118-112240826 Ⓝ 10　(409100)
ISBN978-4-537-26182-0
（編集担当：坂）

＊本書は 2001 年 1 月発行『面白いほどよくわかる相対性理論』を元に、新規原稿を加え大幅に加筆修正し、再編集したものです。